YouTube作家がこっそり教える

ウケる企画
のつくり方

こす.くま

ダイヤモンド社

🐨「創作」は僕たちに何をもたらすのか？

　人はみな、「創作」をしたほうがいいはずだ。絵を描く、文章を書く、曲をつくる、YouTube動画を投稿する。そのクオリティや規模は関係ない。お金にならなくてもいいし、社会的地位につながらなくてもいい。

　YouTube、ひいてはインターネット上のプラットフォームが、僕たちにもたらしたもの。それは**「創作の民主化」**だ。

　この30年でインターネットが普及し、多くの情報がさまざまな国や地域で平等に手に入るようになった。翻訳技術の精度がもっと高まれば、日本以外の「絵をうまく描くコツ」「音楽のつくり方」といった創作のノウハウも、いまより簡単に得られるようになるだろう。

　これまで届くことがなかった情報に自分からアクセスできるようになり、ノウハウを学ぶ、実際にやってみる、など創作をしやすい環境がいろいろな人に開かれ始めたのだ。
　テクノロジーが常にアップデートされ続けるこの時代は、歴史を振り返っても、**いちばん何かをつくりやすい。**どんな人にも、少なくともこの本を手にとったあなたには、仕事でもプライベートでも「創作」の余地があるはずだ。

創作が人生を豊かにするとは言い切れないけれど、あなたが何かを企画することで、自分を含めた誰かの「好き」を広め、その人の人生に付加価値をもたらすことができるかもしれない。それは未来の自分を、また過去の自分も、そして、いつかの誰かを救うかもしれない。ちょっと大げさに言えば、それが人類の発展につながるかもしれないのだ。

たいそうなことを並べたてているように感じるかもしれないが、創作に理由はいらない。必要なのは、明確な意志だけだ。

「あなたはいま、何かつくりたいものがあるだろうか？」

この問いにYesと答えた人は、思うだけでなく、それをぜひ実行してほしい。そして、なるべくそれを続けてみてほしい。

逆に、ちょっと一歩踏み出せず、悩んでいる人——仕事が忙しい、プライベートが大変だ、そもそもその「何か」が見つからない……。さまざまな理由があると思う。
ただ、頭の片隅で、ぼんやり「なんとなく何かをつくりたい」と思っているとしたら、ほんの少しでもいいので一歩踏み出してほしい。

「でも、僕には才能がないから」
「私にはそれを実現する技術がないから」

　いろんな"やらない理由"が頭に浮かんでくるかもしれない。しかし、実はそれは問題ではない。というか、考えてもしょうがない。

　たとえば、この本の著者である僕たち2人は、ほかの人よりも企画をつくるのが得意だと思っている。そう思うと同時に、僕たちよりいい企画をつくる人もたくさん知っている。

　日本だけでなく世界に目を向ければ、自分の存在の小ささや能力的な敗北感を感じることばかりだ。

　では、あらためて、なぜ創作をしたほうがいいのか？
創作は、自分の「好き」という感情に深く向き合うきっかけになるからだ。多くの場合、何かをつくるとき、その作業やそのコンテンツが好きだから始める。そこに大義はなく、あなたにとっては遊びの延長線上なのかもしれない。

　でも、それでなんの問題もない。
　もともと企画（創作）とは、「遊び」の延長なのだ。20世紀を代表するオランダの歴史学者ヨハン・ホイジンガは、『ホモ・ルーデンス』という名著で、「**人間とは、ホモ・ルーデンス＝遊ぶ人だ**」と喝破した。

学問やスポーツ、政治など、人類が築きあげた多くの文化は、すべて"遊びの精神"から生まれた。遊びは人間やその文化にとって、根源的な営み。だから彼は、遊びこそが人間活動の本質であるというのだ。

「ふと気づいたら好きなことがなくなっていた」
「遊びたいという感情が生じなくなった」

　年齢を重ねるにつれ、そんなことがあるかもしれない。でも、それはきっと幼い頃の自分からは、想像もできなかったはずだ。

「好きなことで、生きていく」
　YouTubeのキャッチコピー（基本理念）の1つだ。

　自分の好きなことを突き詰めて、それで収入を得て生活することができたら、それは素晴らしいことではないだろうか。
　一方で、好きなことだけではうまくいかない、どうしようもない壁にぶつかることもある。
　現実には、ほとんどの人が好きなことで生きていけないから、このキャッチコピーは詭弁だと嫌う人がいるかもしれない。

「2人は好きなことをして生きていていいですね」

僕たちを知る人には、そう思われているかもしれない。

たしかに、僕たちは本当にありがたいことに、**著名なYouTuberや企業などに自分たちの得意分野である企画やアイデアを提供し、その対価をいただいて生活している**。

しかし、「好きなことで、生きていますか？」と問われたら、Yesとは即答しづらい。

なぜなら、僕たちが提案する企画のなかには、僕たちが好きでないものもあるからだ。

しかし、それは決して悪いことではない。**自分たちがほしいものではなく、お客さんがほしいものをプロとして提案しているからだ**。

ここでYouTubeのキャッチコピーを少しだけ言い換えてみる。**「好きなことと、生きていく」**であればどうだろうか。

これであれば、多くの人が納得できるはずだ。そして、ここで言う「好きなこと」とは、決してアートなどの類いだけではない。ゲーム好きなら、プレイ動画を撮って投稿してみよう。車が好きならカッコいい写真を撮ってみよう。家族が好きなら手紙を書こう。

好きなことを手放さないために、創作することはとても有効な手段だ。
　何かをつくる——つまり、文章による言語化やビジュアルとしての表現、感じたことをアーカイブすることによって、自分の「好き」という曖昧な感情の輪郭を認識できるはずだ。

　この本は、僕たちが主戦場とするYouTubeにおける企画・構成・運用などのハウツーをベースにしたものだが、YouTubeに関連する人や企画系のビジネスパーソンだけに向けたものではない。
　いろんな人が、それぞれの好きなことを、表現して、遊んでほしい。仕事であれ、プライベートであれ、人間の営みはすべて「遊び」から生まれているのだから。僕たちはYouTubeという手段を使っているけれど、ほかの手段で表現したって構わない。

　創作に価値を求める必要はない。疲れたら休めばいい。
　きっと、意味は、後からついてくる。
　いますぐに本を閉じて、何かをつくってみたっていいのだ。

　そして何より、この本を読んでいるあなたが、**「好きなことと、生きていく」** きっかけになればうれしい。

目 次

長めのPROLOGUE その1
すぐれた企画は「遊び」を極める?

「YouTube作家」ってなんだろう? 18
僕たちの自己紹介 20
裏方の存在を明かした「東海オンエア」さん 21
裏方志望の2人が激安居酒屋で意気投合 25
PCDAを積み重ね、判断力を「磨き続ける」 26

長めのPROLOGUE その2
感情マーケティングで「心」をつかむ

誰もが自分の企画を試せる 32
「見る人がいる」「見てもらう」という前提の決定的な違い 34
企画だけでない雑務兼任プロデューサー 35
「数字」を活かすため「感情」を追求する 37

長めのPROLOGUE その3
ファンに愛され、支持され、応援される

「アイデアマン」ってうさん臭い 44
企画を立てるときの2つのケース 46
企業はYouTubeをどう使うべきか? 48
"アンチ広告"の風潮をどう乗りこなすか 50
広告のデジタル媒体への移行は止まらない 52
YouTubeの気になる「お金」の話 53
制作過程を公開してファンを拡大する 57

難しいことを簡単に、簡単なことを面白く 58

PART 1
ウケる「企画」とは何か？

ウケる企画は、なんかいい 62
なんかいい企画とは？ 64
目指すべきなのは高級フレンチよりマックフライポテト 66
もしもあなたが「プロ野球選手のYouTubeチャンネル」を企画することになったら 69
企画の始まりは「見えない条件」の言語化 70
大目的を達成するための「見えない条件」4つの例 72
僕たちの企画発想技12 75
アイデア出しに「慣れる」には？ 89

COLUMN1
これまでの企画のなかで「これは間違いなく伸びるな」と思った企画は？ 92

PART 2
徹底的に「構造」をパクる？

「パクる」ことは悪なのか？ 96
どうやって「構造」をパクるのか 98
普遍的な「なんかいい」を見つける 100
過去の企画を「現代版」に調整する 102
アイデアが枯渇したらどうする？ 103
なぜ「コンテンツ」にするのか 107

COLUMN2

これまででいちばん大きな失敗はなんですか？　111

PART 3
感情を揺さぶる「構成」のつくり方

「構成」は企画のロードマップ　114
構成を「木」にたとえると　116
【DIY】巨木を切り倒して世界に1本だけのバットを自作してみた！　120
「目の前の欲望」は何か　124
"永遠の初心者"という感覚を忘れずに　126

COLUMN3

知名度の高い芸能人や企業もYouTubeチャンネルを開設していますが、
あまり伸びていないチャンネルもある印象です。
その理由として考えられることは、なんでしょうか？　129

PART 4
ファンとつながる「ストーリー」のつくり方

その構成で「感情」が動くのか　132
ストーリーを語り、感情を動かす　134
ランキングから「傾向」をつかむ　135
プロセスを公開して「共感」を醸成する　138
企画が世に出た場面を想像してみる　141

COLUMN4

これまででいちばん大変だった現場はどこですか? 145

PART 5
身近に感じて「つながり」を深める方法

「やらせ」と「自然」は何が違う? 148
想定外のことを前向きに捉える 150
【DIY】巨木を切り倒して世界に1本だけのバットを自作してみた! 150
「生身の人間」の存在を感じてもらう 152
「サブチャンネル」で人を感じさせる 153
サブチャンネルは「ラジオ」のようなもの 154

COLUMN5

2人はもともと友人だったそうですが、
法人化して活動を続けるうえでケンカやすれ違いはありませんか? 157

PART 6
企画を「フィードバック」して言語化する

「続けること」が個性になる 160
とにかく「なぜ?」を言語化する 162
言語化した分析結果を次の企画に落とし込む 163
ユーザーのコメントはフィードバックの宝庫 165
どんな内容(ポジティブ／ネガティブ)か 166
自分が想定していた「視聴者が抱く感情」との差異 166

COLUMN6
企画者には、どんなことが求められますか？ 168

PART 7
ウケる企画の「方程式」の見つけ方

データからウケる企画の「方程式」を導く 172
方程式をどう見つける？ 174
方程式を見つけるトレーニング 176
「再生回数至上主義」の落とし穴 177
「安定テーマ7割：変化テーマ3割」の法則 181
「Chat（チャット）GPT」をコンテンツ分析で活用する方法 184
運用の参考になる「YouTubeチャンネル5選」 186

COLUMN7
企画者としていちばん楽しい瞬間は？ 195

PART 8
「炎上」の回避と対処法

「炎上」したら謝罪するべきか 198
炎上したときの個人と企業の対処法 200
謝罪するなら「早期に」「明快に」 202
著作権侵害へのポジティブな対応 204

COLUMN8

YouTube以外で注目しているプラットフォームはありますか？ 207

PART 9
ウケる企画の「プロモーション」

企業が絡むことを逆手にとる 210
視聴者・演者・依頼主が納得するコンテンツ 212
「稼げる広告」をつくるという考え方 214
チャンネルスポンサーを募るという新境地の開拓 218

COLUMN9

もしYouTubeがなくなったら何をしますか？ 221

PART 10
一歩先の未来予想図

「常識」は進化していく 224
コンテンツの見方が横から縦にシフト 226
短いコンテンツでも完結させる 227
非言語の短いコンテンツはグローバルに広がる 229
「SNS」をどのように使うか 230

本書を最後まで読んでくれた方へ 235

※チャンネル登録者数等の数値は、本書執筆時点のものです。

長めのPROLOGUE
その**1**

すぐれた企画は「遊び」を極める?

「YouTube作家」ってなんだろう?

すのはら
いやー、すごいことになりましたね。本ですよ、本。
僕たちは「**YouTube作家**」を名乗ってますけど、そんな肩書は、もともとなかったですからね。
何者でもなかった自分の肩書をつくるために名乗り続けていたら、ほかにもYouTube作家を名乗る人が続々と現れて、いつの間にか肩書になってしまった。

たけち まるぼこ
（以下、たけち）
活動を始めた2016年、僕は大学生だったし、本当になんの肩書もなかったですからね。
当時の自分に「**オマエは8年後に本を出すよ**」なんて言っても、「**オレが何を語れるんだよ?**」って言い返すと思います。

時代の流れや運もあると思いますけど、何事も「**とりあえずやってみる**」「**続けてみる**」っていうのが大事なんだな、ってすごく実感しますね。
着手する「**スピード**」とそれをやり続ける「**持続力**」がなくちゃ、「**運**」もつかめない。

だから「YouTube作家」という肩書がないなら、とりあえず名乗ってみて、頼まれてもないのに**企画100本**くらいもっていく、みたいなことをしてましたね。
それを3年くらい続けていたら、**有名なYouTuber**の方々とお仕事ができるようになりました。

**あ、すみません、
申し遅れました
「すのはら」です。**

 **僕たちの自己紹介**

すのはら

1995年生まれ。YouTube作家であり、株式会社こす.くまの代表取締役。高校時代にYouTube活動を始めたが、当時は「YouTuber」という言葉すら存在しておらず「動画投稿系男子」などと呼ばれていた。

カラオケで暴れながら歌ったり、目のまわりに激辛のデスソースを塗ってみたり、高校生らしい体を張った動画を投稿。お小遣い程度の収益をあげただけで、おおいにイキっていた時期がある。

高校卒業後、演者としてのYouTube活動はいったん卒業したが、当時のちょっとした成功体験や動画投稿の楽しさを忘れられず、"裏方"としてYouTube活動を再開。それを派生し続けた結果、現在に至る。

たけち まるぽこ

1995年生まれ。YouTube作家であり、株式会社こす.くまの代表取締役。15歳の頃から、テレビの構成作家に漠然とした憧れを抱く。しかし、それとは裏腹に、高校時代

は部活もバイトもせず、昼寝に没頭。その結果、夢だと自覚している「明晰夢(めいせきむ)」を習得し、夢の中でよく遊んでいたという不思議な過去がある。

高校卒業後は構成作家になるため、作家事務所に在籍。知り合いにテレビのプロデューサーとつなげてもらうなど、意外にも精力的に働く。テレビだけでなくYouTubeやネット動画も高校の頃から視聴しており、テレビやネットというジャンルに縛られず活動した結果、現在に至る。

🐻 裏方の存在を明かした「東海オンエア」さん

僕たちはフリーランスのYouTube作家2人組としてのキャリアを2年ほど積んだのち、その活動を事業化した「株式会社こす.くま」を2019年に設立した。

会社を設立した当時、僕たちは「YouTube作家」を名乗って、さまざまな仕事をしていたものの、**多くのYouTubeチャンネルでは、そんな「裏方」の存在を隠す傾向にあった。**

それは、なぜか？

YouTubeというのは、構成作家という裏方がいて当たり前のテレビの業界とは違って、「**企画・撮影・編集をすべてYouTuberが自らやることで、視聴者の共感を集める世界**」だったからだ。

そのため、裏方の作家が企画を考えていることが知られると、「視聴者が冷めて、離脱してしまうのでは？」と、多くのYouTuberが懸念していた。
だから、YouTube作家の存在は、本の世界でかつていわれた「ゴーストライター」のような隠すべき存在だったのだ。

そんな認識が変わったのが、2019年だった。
YouTubeの視聴者数が急激に増え、芸能界を含むさまざまな業界から、新たにチャンネルを開設する人が急増した。

学研教育総合研究所の調査の男子小学生の将来つきたい職業で、「YouTuberなどのネット配信者」が初めて1位となったのも、2019年8月だった。
そして2020年から始まったコロナ禍により、その流れはさらに加速したのだ。

当時、寡占的に人気を得ていたYouTuberは、新規参入者が増えたことやネームバリューのある芸能人が参入してきたことにより、「**これまでと同じことをやっていたら、視聴者に飽き**

将来つきたい職業 （2019年・**男子**）	将来つきたい職業 （2019年・**女子**）
1位 **YouTuberなどのネット配信者**	1位 パティシエ（ケーキ屋）
2位 プロサッカー選手	2位 保育士・幼稚園教諭
3位 プロ野球選手	3位 看護師
4位 運転士	4位 医師（歯科医師含む）
5位 警察官	5位 花屋

2019年男子小学生の「将来つきたい職業」でYouTuberが初の1位に
（学研教育総合研究所調べ）

られてしまう」と危機感を抱き始めた。

　そこで、マネジメント会社やYouTube作家などの外部の視点や新たなアイデアを必要とするYouTuberが増えてきたのだ。
　15世紀から17世紀の大航海時代でグローバリゼーションが本格化したように、2019年からは"大YouTube時代"の様相を呈しているといえるだろう。
　そのような状況で、僕たちは大海原に向かって「こす.くま」号を出航させたのだ。

そうして大海原に出た途端、僕たちにとって衝撃的な出来事が起こった。
　超有名YouTuber「東海オンエア」さん（チャンネル登録者数 708万人※2024年10月時点・以下同）から、仕事のオファーが舞い込んだのだ。

　東海オンエアさんが「構成作家にネタを外注したら視聴者にバレるのか？」という企画を考案したのがきっかけだった。
　そのオファーに応えて僕たちが提案したのが、**「この動画は再生回数０回を目指します。」**という企画だった。
　東海オンエアさんはYouTube業界でも折り紙つきの企画力と確固たるブランディングに定評があるため、正直なところとても不安だった……。

　ただ、動画を公開してみると、好評を得た。再生回数は944万回を記録。
　あの企画猛者として名高い東海オンエアのメンバー・虫眼鏡さんから、サブチャンネルで**「悔しい」**という言葉をいただけたのは、とても名誉なことだった。

　この企画で僕たち裏方の存在が明かされ、有名YouTuberから"お墨付き"をもらえたことから、それまでのゴーストライター的な存在から、ついにYouTube作家として日の目を見る

東海オンエアさんとの初仕事で"裏方"の存在が日の目を見た
（YouTubeチャンネル「東海オンエア」より）

ときがやってきたのだ。

これもやり続けたからこそ、巡ってきた好機だ。

東海オンエアさんは、僕たちにとって大恩人である。

🐻 裏方志望の2人が激安居酒屋で意気投合

　本当に余談ではあるけれど、本書を読み進めるにあたり、僕たちが一緒に活動するようになった経緯についても知っておいていただきたい。僕たちが出会ったのは、2016年の夏だった。当時、たけちは大学生で、すのはらはフリーターだった。

　もともとYouTuberとして活動していたすのはらは、高校時代に動画を毎日投稿し、ある程度の数字を稼いでいた。
　ただ「演者として活動をする」よりも **「企画をつくる」** とか **「誰かをプロデュースする」** ほうが好きなことに気づき、裏方としての活動を始めることを決意した。

そんなタイミングで知人に「YouTubeの企画とか得意そうなヤツ知ってるよ」と紹介されたのが、たけちだった。

　初顔合わせは、東京・新宿歌舞伎町のビルに入っている激安居酒屋だった。
　しかし、初対面だというのに、たけちは40分ほど遅刻して登場。それを何も気にすることなく、初対面の挨拶を返したすのはらを見て、「すごく優しい人だ」とたけちは心を許した。
　そのへんは、なんとも単純な男である。

　その後、「2人とも裏方志望ですし、せっかくの縁なので、なんか一緒にやりますか」と意気投合し、翌日から遊び半分で動画を撮った。
　そんなことをしているうちに、気づけば7年以上の月日が流れ、会社を設立し、有名YouTuberや有名企業の案件をいくつも手がけるようになっている。

　ちなみに、同い年で、ずっと一緒に仕事をしてきたいまでも、**2人の会話は、ずっと敬語のままである。**

🐻 PDCAを積み重ね、判断力を「磨き続ける」

　僕たちがYouTube作家としてサポートさせていただいてい

るHIKAKINさん、東海オンエアさん、はじめしゃちょーさんといったトップYouTuberのみなさんは、企画が「ウケるか、ウケないか」を見極める力がすこぶる高い。

なぜなら、Plan（計画）→ Do（実行）→ Check（評価）→ Action（改善）というサイクルを毎日のように積み重ねているからだ。

大事なのは、このサイクルを<mark>「磨き続けている」</mark>という点だ。一時的に磨くのではなく、磨き続ける。

YouTubeのようにトレンドがクイックに変わり続けるプラットフォームでは、判断力を衰えさせない"続ける力"が、とても大切なのだ。

これはYouTubeに限ったことではない。ネットの普及によって情報の拡散速度が急速に高まり、トレンドの移り変わりが高速化しているのは、どんな業界でも同じはずだ。

企画について、本書の執筆時点で「伸びている型」を語っても、発売される頃には、すっかり陳腐化している可能性だってある。

<mark>そのため本書では、もっと普遍的で、より再現性のある「考え方」に重点を置きたい。</mark>

常に情報をアップデートし、フレッシュである必要がある。

もちろん、僕たち自身も、これを当たり前にやっているわけではない。普通に、かなり疲れる。それゆえ、多くの人は途中でやめてしまうのだ。
　だからこそ、僕たちはここまで7年間、「やり続けた」というだけで価値が生まれ、需要も増えているのだと思う。

情報が多様化し、なおかつあふれているからこそ、続けることが個性とかオリジナリティにつながる。
　このことを前提にして、僕たちが経験を通して会得した、いかにしてウケる企画をつくるのかを初公開したい。

POINT

- 僕たちがYouTube作家を初めて名乗り出した

- 僕たちは多くの著名なYouTuberや企業の案件に携わる裏方の存在

- ゴースト的扱いだったYouTube作家が日の目を見たのは東海オンエアさんのおかげ

- 7年間「やり続けた」ということが、僕たちの価値や需要を高めた要因

すぐれた企画は「遊び」を極める?

長めのPROLOGUE
その**2**

感情マーケティング「で心」をつかむ

誰もが自分の企画を試せる

たけち
僕らは今年（2024年）で29歳ですけど、高校生のときにはYouTubeがだいぶ浸透していた**Z世代**（1990年代半ばから2010年代前半生まれ）ですよね。

すのはら
2013〜2014年くらいには、**普通にYouTubeを見ていた世代**です。
もっとも当時のYouTubeは、違法アップロードのアニメなんかが見られる**イリーガルな香り**のする動画サイト。そんななかでも、現在のYouTuberみたいに、企画動画を投稿している人もいました。
僕は**常識はずれの企画にかなりのお金をつぎ込むことで話題だった**「okailove」（@okailove）っていう投稿者がすごく好きでしたね。

た
自分も高校生ぐらいのときからYouTubeを見ていました。同年代ぐらいの投稿者が日常をさらけ出している動画を見て、「**一緒の時代を生きてる共感**」みたいなものがありましたね。

YouTubeって、よくテレビと比較されるんですけど、視聴者の目線からすると、どっちも根本的には「**遊び**」なんですよね。当たり前ですけど、テレビだって面白いものはメチャクチャ面白い。ネットが普及したことで、テレビだけではない「**遊び」の選択肢が増えた**んじゃないかなと思います。

それ、メッチャわかります。日テレ系『**ダウンタウンのガキの使いやあらへんで！**』とかテレ東系『**ゴッドタン**』みたいな、毎週違う企画を見せてくれるバラエティ番組と同じ系統として、YouTubeの動画を認識していましたね。
テレビより企画の規模が小さくて、演者がプロではない一般人というだけ。

 ただ、大きく違うのは「動画をつくる」ことが広く一般の人たちにとって「遊び」の1つになり始めたというところかなと思います。かつて、テレビが"**娯楽の王様**"だった時代は、広く一般の人たちが「自分で動画をつくろう！」とは、あまり思わなかったはず。でも、それぞれの投稿者が**個人のテレビ局**を持っているようなもので、多くの素人が動画を投稿しているYouTubeなら、「自分も」と思う。こんなに楽しいことないですよね。

いまの10代なんかは、もっとすごいですよね。スマホの動画機能がだいぶ進化しましたし、動画制作の無料ソフトもたくさんある。
なんなら動画制作をするための解説動画だってYouTubeにあるので、それを見て真似すれば、誰でもつくれるんですからね。

🐻「見る人がいる」「見てもらう」という前提の決定的な違い

　テレビはどこの家でも見られるメディアで、以前は、誰かが家にいるときは、常につけっ放しが当たり前だった。
　長きにわたって"娯楽の王様"だったからこそ、テレビの構成作家は、深夜など特殊な時間枠を除いて、**「見る人がいる」という前提で番組の企画を立てていた。**

　一方、YouTubeというプラットフォームは、決まった時間に決められた番組を放映しているわけではない。
　2022年のデータによると、YouTubeは全世界で毎分500時間以上の動画がアップロードされている。1時間当たり3万時間分のコンテンツが新たにアップされている計算なのだから、さまざまな動画があふれていることがわかる。
　たまたま目にしたアジアの特殊な料理人のショート動画などは、その競争率をくぐり抜けて視聴者に届いている"奇跡的な出合い"ともいえる。そう考えると、とんでもなくアツい。

　また、もちろんYouTubeだけでなく、テレビや映画、ブログやSNSなど、楽しいコンテンツは、ほかにもたくさんある。
そのなかで、YouTube作家は「見る人がいる」という前提ではなく、「見てもらう」ことを前提に、動画に注目してクリ

==ックしてもらい、最後まで見てもらい、チャンネル登録してもらうように、番組の内容だけでなく、全体を設計して企画しなければならない。==

こう言うと、めちゃくちゃ難しいことのように感じるかもしれないが、実はそんなことはない（その方法はPART7の「ウケる企画の『方程式』の見つけ方」でお伝えする）。

🐻 企画だけでない雑務兼任プロデューサー

「YouTube作家って、テレビの構成作家と、どう違うの？」と聞かれることがよくある。

これは、とても難しい質問だ。本質的に「番組（動画）の企画を考える」という点では共通しているのだが、プラットフォームの違いやスポンサーの有無などで、気を使う部分はかなり違ってくる。

大きな違いをあげるなら**「YouTube作家はやることが多い」**という印象がある。

「え、そんなことも？」ということまでやるのだ。

企画の考案はもちろん、動画の中身である構成や台本を書くこともあれば、書籍でいうところの表紙にあたる「サムネイル」やタイトルの作成、動画編集まですることもある。

小道具の買い出しをして、カメラを持ってロケ撮影をし、視

聴データのアクセス解析をするなど、やることを挙げればキリがない。

　テレビ番組は、放映する時間が決まっており、その時間帯に番組を見るであろう視聴者層が、過去のデータからおおよそわかっている。
　番組プロデューサーなどが、ターゲットとする視聴者層が喜びそうなコンセプトや企画のアイデアを考え、それを形にするのが「テレビの構成作家」だ。

　一方のYouTubeは、いまもまだ成長途中のメディアであり、1つの動画やチャンネルに関わる人数は圧倒的に少ない。
　だからこそ、「画角はこうする」「このタイミングで動く」など動画全体のディレクション、テロップや効果音を入れるなどの編集、そして予算を考えながら現場にいる人たちに気持ちよく動いてもらう"仕切る力"までも必要とされることが少なくない。

　自分たちで言うのもなんだが、正直大変なこともある。
　しかし、だからこそ自分たちの企画が、自分たちの手で形になり、世の中に公開され、大きな反響を呼んだときは、何ものにも変えがたい喜びがフツフツと湧いてくる。
　これが企画者としての醍醐味となっている。

「数字」を活かすため「感情」を追求する

YouTubeのようなウェブメディアの場合、「視聴者に喜んでもらえたかどうか」が、再生回数・高評価数・チャンネル登録者数など「数字」としてリアルタイムに表れる。

もっとも、ただ単に「数字」をフィードバックするだけでは次につながらない。

そもそもYouTubeには、チャンネルの運営者に分析結果を教えてくれる「**YouTube Studio**」という機能がある。

これはYouTubeチャンネルを開設することで利用できる無料のツールで、自分のYouTubeチャンネルの分析や管理ができる。

視聴回数、総再生時間のほか、評価の割合、視聴維持率、クリック率など、詳細なデータを教えてくれるのだ。

それぞれの動画ごとに、インプレッション数（おすすめに表示された回数）、インプレッションのクリック率（表示された動画をクリックした割合）、どの動画でおすすめに表示されているか、平均視聴時間、視聴者が動画を見つけた方法、視聴者維持率、リピーターと新しい視聴者の数、動画からリピーターになった視聴者の数、視聴者の年齢と性別など以外にも、チャンネルの視聴者が見ているほかのチャンネルまで教えてくれる。

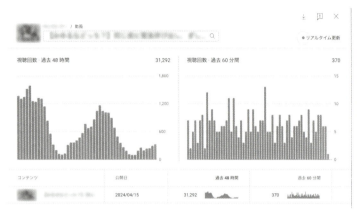

リアルタイム視聴回数(過去48時間・過去60分間)で企画の反響を把握する

テレビ番組や書籍では、ここまでリアルで詳細な数字は出てこないだろう。

再生回数や高評価数が人気を表し、視聴者の声がダイレクトに届くことで、僕たちは「動画を最後まで見てほしい」「再生回数を伸ばしたい」と、データを重視した企画を生み出すことができるのだ。

ただ、ここで1つ言っておきたい。
「数字」は間違いなく「結果」であり、企画立案時の説得や改善の材料にはなるが、そこに視聴者の「感情」は含まれていない。
YouTubeを見ていて、「いい動画だったな」「微妙だったな」

企画の立案で大切な1つのこと

この企画に対して(ユーザーが)どういう感情を抱くのか?

視聴や購買に直結するインサイト(潜在的ニーズ)の仮説を立て続ける

ユーザー自身が気づいていない「無意識の本音でのニーズ」

企画者が繰り返し「仮説」を立て、洞察し、見抜く!

例:スッキリとストレス解消したい!
息抜きに気分転換したい!
仕事の問題を解決したい!

感情マーケティングで「心」をつかむ

といった感想を抱いたとき、いちいち高評価・低評価ボタンを押すだろうか、コメントを残すだろうか、1つの動画を見ただけで、チャンネル登録をするだろうか？

みなさんも経験があると思うが、答えはおそらくNoだろう。

これについては、PART3の「感情を揺さぶる『構成』のつくり方」で詳しくお伝えするが、**いちばん大事なのは、とにかく自分がつくったものに「どういう感情を抱くのか？」という仮説を立て続けること、ユーザーのインサイト（視聴などにつながる潜在的ニーズ）を考え続けることだ。**

古代ギリシャの哲学者・アリストテレスは、「論理だけでは人は動かない」と言ったというし、「人は論理ではなく感情で動く」ともいわれる。

YouTubeの企画をつくっていても、まさにその通りだと思う。**ウケているコンテンツがあるなら、その本質的な動機となる「感情」を追求し続け、参考にすることも欠かせない。**

たとえば、YouTubeの動画をクリックするとき、視聴者は「このサムネイルのフォント（書体）がいいから」なんてことは思わない。

「なんとなくよさそう」「なんとなく面白そう」といったそのときの「感情」を追わなければ、せっかくの「数字」も有効に活かせないのだ。

POINT

企画するだけでなく仕切る力も必要

「見る人がいる」ではなく「見てもらうにはどうするか」を前提に

数字を分析するだけでなく「感情」を追求

感情マーケティングで「心」をつかむ

長めのPROLOGUE

その3

ファンに愛され、支持され、応援される

「アイデアマン」って うさん臭い

たけち

YouTube作家として取材を受けると「**新進気鋭のアイデアマン**」みたいに紹介されることが多いんですけど、なんだかうさん臭い感じに見られないでしょうか？
「**ハイパーメディアクリエイター**」みたいな。いや、ハイパーメディアクリエイターの人は、うさん臭くないですよ。
僕の妹が、高城剛さんのこと好きです。

すのはら

そもそも僕たちを含めて **"アイデアを出す職業"** って、全体的に感覚派の印象を持たれがちですよね。
もちろん感覚とかセンスも大事だとは思うんですが、プロとして企画を立てる人は、**かなり膨大な思考と論理**で成り立っている場合がほとんどだと思います。

でも、やっぱ感覚派みたいなのってカッコいいですよね。ただ、だいたいは感覚派っぽく見せていながら、**実はものすごく考えてるんですよね。**
最終的な企画にたどり着くまでのプロセスを外部に見せていないだけ。

 とはいえ、その**プロセスってあんまり言語化されない**から知るよしもない、というのが実態ではないでしょうか。
だって「YouTube作家」と聞いても、実際にどんなことをしているのか、イメージが湧かない人が多いのは当たり前ですよね。これまでほぼ言語化されてないですから。
なので、ここでちょっと「**YouTube作家が何をしているか?**」について説明しておきます。

企画を立てるときの2つのケース

「作家」というからには、台本か何かを書いているのかと思う人もいるだろう。それも仕事の1つではあるが、それだけではない。

ここで僕たちが、普段どんな仕事をしているのか、簡単に紹介したい。

YouTube作家としての基本は、もちろん「企画」を生み出すことにある。

ここからの話は、YouTubeに限らず、いろんな業界で企画・クリエイティブ・マーケティング関連の仕事をしている読者にとって、共通するトピックかもしれない。

少し違う点を挙げるなら、僕らの場合、企画には大きく分けて2つのケースがあるということだ。

> ❶ 自分自身のチャンネルの企画を考えるケース
> ❷ ほかのYouTuberのチャンネルの企画を考えるケース

それぞれを説明することにしよう。

❶ 自分自身のチャンネルの企画を考えるケース

　自分が運営するチャンネルの企画は、そもそもチャンネル自体を「誰に向けた」「どんなチャンネルにするか」のコンセプトを決める段階から始まる。

　そして、そのコンセプトにのっとったチャンネル運営をするうえで、どんなコンテンツを継続して企画していくかを考える。

　業務を分担したり外注したりすることもあるが、企画・構成・演出・編集・サムネイル作成・タイトル作成・アップロードなど、動画配信に関わるすべてを自分たちでやることも多い。

　これは企業における「ブランディング」と同じで、**アウトプットのクオリティや全体の雰囲気に統一感を出すためだ。**

❷ ほかのYouTuberのチャンネルの企画を考えるケース

　ほかのYouTuberに提案する企画には2種類ある。

　1つは、**日常的に配信しているチャンネルでの企画だ。** 僕たちは、これを「**日常企画**」と呼んでいる。

　この場合、これまでとは異なる切り口や構成でのアイデアを、20〜40ほど提案する。幅広く方向性を打ち出して、会議などで話し合いながら進めていく。

2つめは、**ロケやほかのYouTuberとのコラボなど、大がかりな準備が必要な「大型企画」**だ。

　この場合も、企画・構成・演出・編集などをすべて手がけることもある。

　普段、そのチャンネルでやっている企画であれば、ある程度はYouTuberが自らコントロールできるが、未経験の大型企画では、ちょっと勝手が違ってくる。

　だからこそ、準備や手配など細かい部分も含めて、仕事を請け負ったYouTube作家の出番なのであり、撮影当日のディレクションや監修、スケジュールの調整まで、僕たちが行うこともあるのだ。

　ビジネス的にざっくりとその違いを言うならば、自社の事業なのか、クライアントワークなのかで、違ってくるということになる。

🐻 企業はYouTubeをどう使うべきか？

　僕たちのところにも、ありがたいことに通信・玩具・出版など各業界の有名企業から、YouTubeチャンネルのコンサルティングや立ち上げの際のアドバイザーの依頼がある。

そうした依頼を受けてクライアント企業でプレゼンするとき、毎回伝えているのは、まず「**YouTubeを見てください**」ということだ。

当たり前だと思うかもしれない。けれど、自分たちがやろうとしているメディアについて、見ようともしないケースがあるのだ。

普段目にする広告・CM・テレビ番組などとはまったく違う「**YouTubeだけの文化や考え方**」が存在する。それは自分自身が見て、体験してみないと、なかなかわからないのだ。

自分が知りもしないものをうまく使いこなせるわけがない。そんなにうまい話は、そうそうないのだ。

YouTube以外にも、SNSやメタバース空間など、新しいデジタルプラットフォームは、今後も次々と登場してくるだろう。

そして、その都度、情報発信の仕方を迷う企業がたくさん出てくるはずだ。

すべてに共通していえることだが、新しい形でコンテンツを発信するとき、「**そもそも使いこなしたいものが、どんなものなのか**」「**自分はそれをちゃんと知っているのか**」という点を**自問自答することがとても大切になる。**

漠然とした思考の解像度を上げることが、企画力やオリジナリティといったアウトプットに大きく反映するからだ。

"アンチ広告"の風潮を どう乗りこなすか

たけち　YouTubeの世界において、「**広告**」とか「**PR**」ってなんかちょっと嫌われてません?

すのはら　YouTuberが企業の広告を請け負う場合、動画内でちゃんと「PR」であることを表示したとしても、いろいろと考慮して上手にコラボしないと、**炎上につながる**こともけっこうありますからね。

逆に広告動画がうまくいくパターンもありますよね。僕たちが関わっている案件だと、KONAMI(コナミ)さんが運営している「**eFootballチャンネル**」の企画「**WINNER'S**」は、いい事例ですね。

> WINNER'Sとは、サッカー経験者のインフルエンサーを集めてチームをつくって、チームが目標に向かって成長していく様子をスポーツドキュメンタリーとしてコンテンツにしている企画

サッカーゲームの認知度アップのために、サッカー好きの視聴者が集まるように企画。何より「**個人では実現できない規模**」にしたところがポイントですね。
このような規模の大きな企画は、企業の力があって初めて成立するということを視聴者が理解できるので、動画内で自社サービスを訴求しても、コンテンツに無理やり入ってくるPRのような**嫌悪感が生じない**。

むしろスポンサーであるKONAMIさんに対して、視聴者から「**WINNER'Sを運営してくれてありがとう!**」みたいなお礼のコメントが寄せられますからね。なので、視聴者はすべてのPR案件に嫌悪感を抱くわけじゃありません。
そのチャンネルらしさを損なうこと、リアルじゃないわざとらしく誇張した評価など、PRだからといってコラボするYouTuberのキャラクターに合ってないことをさせてしまうと、視聴者が**違和感を覚えてしまって逆効果**になるんです。

 視聴者は、演者であるYouTuberの「**人格**」を見て共感している部分があるので、PR案件ではそこがねじ曲がるのを避けるべきです。
仮に僕がアラブの石油王から「**お金をたくさんあげるから改名してくれ**」って言われて、「石油マン」に改名したらなんか嫌ですよね?

 いえ、特になにも思いません。

石油マン

💧 ……。

🐻 広告のデジタル媒体への移行は止まらない

　今後も、広告におけるデジタル媒体への移行の流れは止まらないはずだ。

　具体的な例を挙げると、2020年に大手化粧品メーカーの資生堂が「テレビCMをはじめとするこれまでの広告媒体への出稿を限りなくゼロに近づけ、デジタルに広告をシフトしていく」と発表した。

　2023年度には、90〜100%をデジタル広告に移行することを目標に掲げた。

　実は資生堂は、2019年に「レシピスト」という20代女性向けの化粧品で、YouTube・Instagram・Twitter（現X）などのSNSだけを使ったプロモーションを行っている。

　特にYouTubeでは、俳優の土屋太鳳と横浜流星が恋人同士に扮した、架空のカップルアカウントをつくり、いくつもの動画を配信して好評を得た。

　化粧品業界はこれまで、テレビCMを通じて認知度を高めてブランディングを行う代表的な業界だった。

　そんな業界の超有名企業が、テレビCMをやめるというのは、時代が大きく変わった象徴的な出来事ともいえる。

🐻 YouTubeの気になる「お金」の話

ここで、みなさんが気になるであろうYouTubeの「お金」の話をしよう。ご存じかもしれないが、YouTubeでは莫大な金額が動いている。

そもそも、YouTubeに動画を投稿してお金を得る方法は、大きく分けて2つある。

❶ アドセンス収入

アドセンス収入というのは、YouTubeの再生回数などに応じて得られる広告由来の収入のことだ。

YouTubeは、企業からの広告を動画内やページ内に表示して「広告費」を稼ぐプラットフォームだ。

YouTubeに動画を投稿すると、企業の払っている広告費が、動画の再生回数に応じて分配される。

金額の単価は、1再生当たり0.01円〜3円以上と大きな幅がある。

当たり前だが、子どもは大人ほどたくさんお金を使わないので、広告効果が低い。だから、子ども向けチャンネルの1再生当たりの広告単価は低めになっている。

逆に、車や時計、釣りなど、お金を使う大人が多いジャンル

の動画の広告単価は、1円を超えるケースが少なくない。

❷ スポンサー収入

　YouTubeに広告を出稿している企業が、YouTuber（YouTubeチャンネル）に直接お金を支払って、商品の宣伝を依頼することもある。

　依頼されたチャンネルでは、演者であるYouTuberが視聴者に対して自ら商品を宣伝するため、相性がよければ高い宣伝効果を得られる。
　これは「企業案件」と呼ばれているが、その報酬の相場は、平均再生回数×3〜5円といわれる。

　大きく分けてこの2種類がYouTubeを投稿するにあたって得られる収入となる。
　さらに理解を深めてもらうため、僕たちが運営している2つのチャンネルでのチャンネル登録者数・月間の収益・それまでの総再生回数の変化を公開する。

　次ページの表について説明すると、視聴者の属性やチャンネルごとの動画の見られ方によって、収入は大きく変動する。
　これはYouTube側が、どういった動画を評価するかによっ

スポンサー収入の
シンプルな例

A チャンネル	チャンネル登録者数	月間の収益	それまでの総再生回数
0.5年目	18万人	960万円	5300万再生
1年目	30万人	2800万円	1.2億再生
1.5年目	40万人	4500万円	1.8億再生

B チャンネル	チャンネル登録者数	月間の収益	それまでの総再生回数
0.5年目	1.5万人	25万円	70万再生
1年目	70万人	1700万円	2300万再生
1.5年目	110万人	5800万円	6400万再生

※YouTube Studioのアナリティクスから算出（数字は概算）

チャンネルA
視聴者の年齢層：低め／動画の尺：短め
再生時間：短め／再生単価：やや低め

チャンネルB
視聴者の年齢層：高め／動画の尺：長め
再生時間：長め／再生単価：高め

ファンに愛され、支持され、応援される

て左右される。

　というのも、YouTubeでは、「視聴者の属性」や「広告によって視聴者が商品やサービスを購入する期待値」で、再生単価が評価基準は変わってくるからだ。
　具体的には、ある程度お金に余裕のある40代の会社員などの視聴者が多いのであれば、広告商品の購入可能性が高くなり、再生単価は高くなる傾向にある。
　ただ、ここで気をつけてほしいのは、これらの要素はあくまで傾向であり、厳密にYouTube側から公開されている基準などではないということだ。

　前ページの表に戻ると、チャンネルAが若者向けで、動画の尺が短め。再生回数は増えやすいものの、1再生当たりの単価はやや低めだ。こうしたチャンネルは開設後の登録者数の伸びが早く、認知度が高まりやすい傾向にある。

　一方、チャンネルBは大人向けで、動画の尺が長め。そのため1再生当たりの単価は高めになる傾向にある。
　リピーター的なコアなファンが多いものの、動画のボリュームが大きいため、新規視聴されづらい面があり、登録者数の伸びは遅い傾向にある。

このようにチャンネルの特性によって、どのようにマネタイズ（収益化）するかは大きく異なってくる。
データ的な側面からも、自分のチャンネルの視聴者と相性がいい発信の仕方を考えていくことが重要だ。

制作過程を公開してファンを拡大する

　僕たちはYouTube作家として企画を提案するだけでなく、ファン拡大のためにさまざまな方法を模索している。
　動画の再生で得られた影響力を活かして、グッズ展開やイベント開催など、よりファンとのタッチポイントを増やす取り組みを試みることも多い。
　ファンの方々に、YouTube動画以外の側面からアプローチすることによって、その熱量を高め、つながりをより強固にすることができる。

　ここで注意しなくてはいけないのは、単発での展開に見えない工夫をすることだ。
　「なぜこのグッズをつくるのか」「なぜこのイベントを開催するのか」に至る意図・背景・制作過程をコンテンツにして視聴者に共感してもらいながら進めていくことが、ファンの熱量を最大化するうえで重要なポイントになる。

具体的には、HIKAKINさんのカップラーメン＆カップメシ『みそきん』が良い例だ。

　HIKAKINさんが抱いていた「自分が大好きで、ファンのみなさんにも喜んでもらえるものを届けたい」という思いで発売を決意したことや開発秘話、製作の経緯などを自身のチャンネルで公開している。

　そのうえで、XでのプレゼントYouTuberにレビューしてもらうなど、あらゆる角度で視聴者を楽しませたのだ。

　商品の性能を競うのではなく、制作過程への共感で差別化を図り、付加価値を生むという考えを「**プロセスエコノミー**」という。商品やサービスができる過程自体に価値を見いだすということだ。

　人が前面に立つYouTubeでのマネタイズにおいては、特に重要な考え方といえるだろう。

🐻 難しいことを簡単に、簡単なことを面白く

「**おいおい、ここまで読んできたけど、漠然とした話ばかりじゃないか！**」とガッカリしている人がいるかもしれない。本当に申し訳ない。

　そして、読んでくれたことに、とても感謝している。

ここまでは、僕たちやYouTubeのことについて、まだ知らない人が多いと思うので、そのあたりのことを中心にクドクドと綴ってみた。
　僕たちの雰囲気がなんとなくご理解いただけたと信じている。

　さて、ようやくではあるが、ここからは本題である僕たちの「企画」「構成」「運用」「振り返り」について、じっくりと紹介していこう。

　劇作家の井上ひさしは、**「むずかしいことをやさしく、やさしいことをふかく、ふかいことをおもしろく、おもしろいことをまじめに、まじめなことをゆかいに、そしてゆかいなことはあくまでゆかいに」**という名言を残したが、僕たちもこの本でなるべく、わかりやすく、おもしろく、たのしく読み進めてもらえるように努めたい。
　そして、いつかこれを読んでいるあなたとおもしろいことができたら、それだけでも、この本を著した意味があると思っている。

POINT

- 自分が企画しようとしている対象をきちんと知っているかを自問自答

- 漠然とした思考の解像度を上げる

- 結果的に収益アップが目的でも、お金儲けに見えない工夫が必要

- 制作過程への共感で付加価値を生み、ファンを増やす

PART
1

ウケる「企画」とは何か？

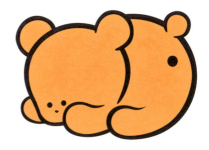

ウケる企画は、
なんかいい

すのはら さて、本題の「**企画**」について、始めましょう。
でも正直なところ、伝えるのがなかなか難しい
テーマですよね。何から話そうか、という感じです。

たけち そうですね。僕たちは職業柄、普段プライベートでYouTubeを見ていても「**あっ、この設定、面白いな**」みたいに、かなり制作者目線で考えちゃうんですけど、そんなこと一般的にはあまり考えませんよね。

あくまで1人のユーザーとしてYouTubeに
触れるときは、「**なんかいい**」と感覚的な
判断が多いですよね。
YouTubeに限らず、ほかの商品やサービス
についても、それが普通のユーザー感覚だ
と思います。

「なんかいい」ってめっちゃ大事ですよね。
僕がよく見る「**ヘビフロッグch**」(**@ch-km7qh**：チャンネル登録者数 78.7万人)っていう虫を使っていろんな実験をするチャンネルがあるんですけど、その企画はほかで見ないものだし、**シンプルに「なんかいい」と思える**。寝る前とかに、ふとスマホでクリックしちゃいますもん。
好き嫌いはあるかもしれないけれど、僕の琴線に触れてくるものばかりです。

僕の場合、「**SUSURU TV.**」(**@SUSURUTV**：チャンネル登録者数 167万人)を初めて発見したときは衝撃でした。
「生粋のラーメンYouTuber、SUSURUによる『毎日ラーメン健康生活』を追うチャンネル」とうたって、毎日ラーメンを食べている動画を配信し続けています。
そのコンセプトの異常さと新鮮さは、唯一無二です。
動画を見て、ラーメンのすすり方を真似してみたり、同じお店に行ってみたりと、一視聴者として素直にハマっていました。

そんな「なんかいい」を深掘りするためにも、ここからは僕たちが**どんなプロセスで「なんかいい」企画を考える**のか、前提条件の設定や切り口などいろいろな側面からお話しします！

🐻 なんかいい企画とは?

まずは大前提となる「なんかいい」という感覚を言語化してみよう。

「なんかいい」には大きな2つの要素があると考えている。

「なんかいい」の2つのエッセンス

❶ 現状から逸脱していない
❷ ターニングポイントとなり得る

では、それぞれについて説明してみよう。

❶ 現状から逸脱していない

これについては、チャンネルを1つの「雑誌」だと思ってもらえればわかりやすい。**チャンネルのコンセプトは雑誌の「表紙」、コンテンツは雑誌の「ページ」となる。**

ページを積み重ねることで1つの雑誌が完成するように、YouTubeにおいては、動画や企画の積み重ねが、チャンネル全体を表現することになる。

つまり、1冊の雑誌のなかにあって、違和感のない特集や連

載で全体を構成することが、読者（視聴者）にとって**「なんかいい」**と感覚的に思えるポイントになってくるのだ。

たとえ別のチャンネルで同じ企画をやったとしても、「そのチャンネルの歩んできたストーリーに沿っているかどうか」で企画の意味合いが変わってくることもある。

❷ ターニングポイントとなり得る

こちらはコンテンツを発信する側にとって、いいものかどうかという要素になる。
ユーザーに「なんかいい」と思ってもらうことはとても重要なのだが、発信する自分たちにとっても「なんかいい」と思えるものがベストな企画となることが多い。

ここでいう「ターニングポイント」とは、チャンネルの方針が体現されているか、ブランディングが明確か、の分岐点のことだ。
企画を通して「こういうチャンネルなんだな」「こういうスタンスのチャンネルなんだな」とわかってもらい、「なんかいい」と思ってもらえる瞬間を生み出す企画が、ウケる企画といえるだろう。

「ターニングポイント」を考えるうえで重要になるのが、そのチャンネルがコンテンツを出す「目的」は何か、ということだ。

企業から企画を依頼される場合、「ファミリー向けの商品を扱う会社なので、家族で楽しんでもらいたい」「自社商品は現在のところ男性ユーザーが多いけれど、YouTubeを通して女性ファンを獲得したい」など、目的は多岐にわたる。

結局のところ、**企画を通して、その目的に一歩でも近づいたか、その目的を体現できているか、ということが「なんかいい」企画の条件だと考えている。**

目指すべきなのは高級フレンチよりマックフライポテト

ここからは、企画をつくるうえで、なにが"ウケる企画"になるのかということを伝えたい。

僕たちがいうウケる企画というのは、基本的にはデータに基づいて**「多くの人が求めるもの」**となる。

YouTubeというプラットフォームでは、動画を公開した直後から、どんな年齢で、どれくらいの数の人がアクセスしたか、動画を見て平均何秒で離脱したか、サムネイルのクリック率は

何％か、平均視聴時間は何分かなど、細かなデータを入手することができる。

数字や実際のコメントという"目に見える基準"で、できるだけ多くの人に喜んでもらえて、初めて「ウケた」といえる。

わかりやすく言い換えるとウケる企画とは、**常日頃食べたいご飯**だ。

高級な寿司やフレンチ、ニンニクたっぷりの二郎系ラーメンなど、たまに食べるから美味しいものではない。

ファミレスチェーン・サイゼリヤの300円のミラノ風ドリアやマクドナルドのマックフライポテトのように、人々の日常を支えて"鉄板"として喜んでもらえる味だ。

「人の好みは多様化しているから、マスを狙わなくてもいいのでは？」
「マスは大手のテリトリーだから、ニッチなところを狙うほうがいいのでは？」

そう考える人もいると思うし、業種・業態、企業規模、商品・サービスによって、狙うべき層が異なるかもしれない。

でも、**自分たちの立ち位置での最大数を狙っていくことに変わりはないはずだ。**

また、現実的な話をすると、よくいわれる「ブルーオーシャン（未開拓市場）」というゾーンはなかなか見つからない。
　多くの分野には、すでに自分より強いライバルがいて、そこには固定ファンもいる。
　そして、自分が発信したい商材も、多少のオリジナリティはあるとはいえ、根本的なところから大きな差別化はできないことが多いはずだ。

　だからこそ、「企画」が持つ意味は大きいのだ。
　「そこまで斬新でもないし、ほかに似たようなものがあるけれど、なんかいい」と、少しでも多くの人に選んでもらう。
　幸いなことに、僕たちが主戦場とするYouTubeには、この「なんかいい」と選択されたことが可視化できるデータがたくさんある。

　自分たちの目的を達成しながら、ユーザーの「なんかいい」を最大化する企画をつくる。
　そのためにリサーチや仮説検証を徹底、試行・思考を重ねる。

　ほかにも企画をつくるうえで考えることはたくさんあるが、書いていたらキリがない。もちろん、「ユーザー視点で企画をつくる」なんてことも、とても重要だ。
　ただ、そういった内容は、これまで多くのクリエイターが語

ってきたことでもあり、もしかしたら僕たちよりもみなさんのほうが把握しているかもしれない。

なので、ここでは**「じゃあ実際、どうやってウケる企画をつくるの?」**というアウトプットに近いところに特化して、例とともに説明していこうと思う。

🐻 もしもあなたが「プロ野球選手のYouTubeチャンネル」を企画することになったら

> 【お題】
> あるプロ野球選手がYouTubeチャンネルを開設しました。あなたは、そのチャンネルのコンテンツ制作を依頼されました。チャンネルのおもな目的は、その選手の認知度の拡大とブランディング。具体的には、その選手のファン獲得や試合を見にきてくれる人の拡大です。

また前置きが長くなってしまったが、「もしもプロ野球選手のYouTubeチャンネルを企画することになったら」というお題で、僕たちがどんなプロセスで考えるのかをお話ししていこう。

🐻 企画の始まりは「見えない条件」の言語化

　ここからは、先ほどのお題をあなたと一緒に考えていきたい。

「なんなんだよ急に！　意味わかんねぇよ」
「そもそも、その野球選手の詳しい情報がわかんないんだから、企画なんてつくれないよ」

　まあ、落ち着いていただきたい。
　たしかにその通りで、先ほどのお題だけで、とりあえずアイデア出しをしてみると、無数に広がりすぎる。
　何を考えればいいのか、どう考えればいいのかを精査するためにも、言語化されていない部分、つまり**目的へのプロセスを具体化しなくてはならない。**
　そのためには、「**見えない条件**」を見つけることが大切になってくる。

　見えない条件とは、大目的（＝ここではファンの獲得）を達成するために、そのコンテンツの何にフォーカスして企画をつくるかという「補足文」だ。
　これにより、ゴールから逆算して企画を考えることができるようになる。

すのはら
それにしても、なんか**ざっくりしたお題**ですね。

たけち
でも、このくらいのざっくりした依頼も実際多いですよね。

たしかに。自分には**なじみがない分野**の商品やサービスについて、企画をつくらなければならないことも多いです。

僕は「**野球**」について詳しくはないですけど、もしこういう依頼がきたとしたら、まず依頼主である選手のことを知るために、球場まで試合を観戦しに行くでしょうね。
普通に楽しそうですし。

場合によってはインターネットでほぼリサーチできることもあるとは思いますが、**実際に接触して体感**すれば、シンプルに理解が進みますからね。

以前、「**狩猟**」の企画をつくることになったとき、猟師さんに同行して、山で鹿狩りの現場を観察したことがありました。
狩猟自体の参考になったのはもちろん、命に対する捉え方も変わったんです。
必死に助かろうともがき苦しむ鹿の姿はとても哀しく、残酷なものに映りましたが、狩猟とは、命をいただくとは、こういうことであり、そのうえでジビエ(狩猟で得た野生鳥獣の食肉を意味する言葉)や食が成り立っているんだ、と。
銃で撃たれた鹿の呼吸が、だんだんとゆっくりになり、やがて絶命すると、さっきまで感じていた残酷さが、急激に薄まったんです。
鹿の命が絶たれた途端、**肉体という「器」**として認識するようになり、解体作業のときには、冷静に見つめていたんです。
死ぬ前と死んだ後で感じた感情の差分が「**命の重み**」なのかなと感じました。

貴重な体験ですね。そういった実体験は、
企画の解像度を高める側面もあります。

単に「ファンを獲得する」というだけではゴールが大きすぎるため、「どのようにファンを獲得するか」「どのようにファンになってもらうか」といったお題にはない、見えない条件を自分で言語化する必要がある。

今回のお題であれば、次のような「見えない条件」を自分で言語化できれば、企画の方向性もおのずと決まってくるのだ。

🐻 大目的を達成するための「見えない条件」4つの例

見えない条件 ❶

プロ野球選手の人並み外れた技術を見せることで、「やっぱりスゴイ！」と思ってもらいファンを獲得する。

➡企画の方向性としては、人並み外れた「技術/身体能力」を強調

見えない条件 ❷

そのプロ野球選手個人のキャラクターを周知することで、より身近な存在に感じてもらい、もっと好きになってファンになってもらう。

➡企画の方向性としては、正直で真面目な「性格／キャラクター」を強調

見えない条件❸

プロ野球選手であるが、1人の野球好きでもあるので、その点をアピールすることで共感してくれる野球ファンを増やす。

➡企画の方向性としては、「野球愛」を強調

見えない条件❹

YouTubeの場合、いかにサムネタイトルに引きをつくってクリックしてもらうかを意識するので、野球や選手に詳しくない人でも見たくなるような動画にして新規ファンを獲得する。

➡企画の方向性としては、トレンドや流行に乗ってみる、プロ野球とは関係のない要素とかけあわせるなど、「新規層向け」に展開

ざっと考えただけでも、これら4つの条件と、それにともなう4つの企画の方向性が生まれてくる。

条件から見えてきた「4つの企画の方向性」

▼技術/身体能力　▼性格/キャラクター
▼野球愛　▼新規層向け

とはいえ、列挙したのはあくまで例であり、ほかにも方向性はあるだろう。

また、企画によっては1つの方向性だけでなく、複合的にかけあわせて考案することもある。

いずれにせよ目的を達成するためには、「見えない条件」を明確にしてから企画づくりに入っていく。

「見えない条件」を言語化して初めて、「アイデアを出す」という企画の本題に入りやすくなる。

この過程を経ず、いきなりアイデアを出して成功する人がいるかもしれない。

しかし、そういう人でも「見えない条件」を言語化しなくてはならないタイミングがいずれやってくる。

なぜ、そう断言できるかというと、継続的にコンテンツを発信していくと、アイデアが枯渇したり、企画者がいいと思って発信したものが、ユーザーに刺さらなかったりすることもあるからだ。

==そんなとき「見えない条件」にもう一度立ち返ると、うまくいきやすい条件の法則性やダメだった理由の言語化がしやすくなる。==

　この話もYouTubeチャンネルの運営に限らず、いろんな業界の企画に通じることだと思う。

　提供された情報から、0を1に、そして1を100にする。こうして解像度を高めることで、何通りもの企画の選択肢ができる。
　もちろん、その選択肢のなかには、ウケる企画もあれば、ウケない企画もある。

　しかし、アイデア出しの段階では、それでいいのだ。
　最終的な企画のよし悪しは、ユーザーが決めることなので、そこで初めてユーザーの声や行動の証しである「データ」が必要になってくる。
　最終的にはユーザーが決めることとはいえ、事前に炎上などには気をつけなくてはいけないのだが。

🐻 僕たちの企画発想技 12

「見えない条件」で方向性を打ち出したら、本題である「企画」を考えていく。

ここからは、先ほど言語化した4つの「見えない条件」から出てきた方向性とともに、僕たちが普段使っている「企画発想技12」を紹介する。

これから説明する「企画発想技12」について

> 「企画発想技12」は、あくまで僕たち独自のものであり、仰々しい技名も自分たちが記憶しやすいよう記号的につけている。この発想技をさまざまなコンテンツに当てはめ、ストックしていくことが企画力につながると考えている。

　それでは1つひとつについて説明していこう。

1 再帰～リバイバルマッシュアップ

　流行(はや)りは繰り返されるので、過去に流行った企画を参考にする。日頃からテレビのバラエティやドキュメンタリー番組を見るなどインプットを増やしておくと、点と点が結びつくように、自然とアウトプットに結びつきやすい。

　2005年6月12日、米アップルの創業者スティーブ・ジョブズが、スタンフォード大学の卒業式でのスピーチで、

「**Connecting The Dots（点と点をつなぐ）**」と語り、「過去何かに没頭したことは、いつか何かにつながる」と伝えたが、それと共通する発想だ。

【企画例】

【合宿】野球が本気でうまくなりたい高校生と2泊3日の地獄合宿!!

冬休みの学生視聴者を巻き込んだ企画として、チャンネル内でプロ野球選手と一緒に合宿に行きたい高校生を募集。実際にプロと同じメニューで、本気の合宿を行う。

企画の方向性：▼技術/身体能力　▼性格/キャラクター
発想のプロセス： TBS系で1999～2003年に放送されたバラエティ番組『ガチンコ!』で、不良少年たちがボクシングのプロライセンス取得に向けて切磋琢磨する企画「ガチンコ!ファイトクラブ」から着想。

2 対比〜コントラスト

　テーマとなる単語や概念のあえて **「逆」を考えてみる。** また、逆でなくても、テーマ（ワード）の対比となる存在を考えてみる、など。

【企画例】

【白熱】野球仲間集めてガチ学力テストしたらまさかの結果に……！

野球はうまいけれど、勉強は？　というまだ視聴者が見たことのないプロ野球選手の側面を引き出す。学力テストを受けたら、どのような結果になるのかを検証し、珍回答なども紹介。

企画の方向性：▼性格/キャラクター

発想のプロセス：「野球」ひいては「運動」と対比されるジャンル「知力・学力」の要素を引っ張ってきて企画にする。

3 混沌〜ザ・カオス

　まったく関係のない単語をランダムに引っ張り出して、当てはめてみる。意味のわからない企画になることが多いので、試行回数は多めに、かつ慎重に精査する。さまざまな単語がひたすら流れ続ける「**Word Cascade（https://river.tango-gacha.com/）**」など、アイデア出しのツールを使用するのも一手。

【企画例】

【ドッキリ】2塁に落とし穴つくってみた

プライベートの草野球という建前で、プロ野球選手に落とし穴のドッキリを仕掛ける。リアクションが重要な企画なので、仕掛け人として芸人さんなどリアクションのプロをゲストとして招くことも検討。

企画の方向性：▼新規層向け

発想のプロセス：ほかの企画でキーワードとして挙がった「落とし穴」という、プロ野球選手とはまったく関係のないことを引っ張ってきて企画にする。

4 消失〜バニッシュ

あえて企画を弱くする。**実は、企画が強ければいいとは限らない。**あえて企画を弱くすることで、演者の人となりが浮き上がることもある。サブチャンネルとの相性がいいことが多い。

【企画例】

【試合の日】朝起きてから寝るまでに完全密着してみた！

1日密着型の企画として、朝起きてまず何をするのか、ご飯を選ぶときにどんなことを考えるのかといった、このチャンネルでしか見ることのできないプロ野球選手の"素の姿"を見せる。

企画の方向性：▼性格/キャラクター

発想のプロセス：シンプルに"密着するだけ"の企画。企画としては弱い部分があるものの、その人の魅力は存分に見せられる。

5 連鎖発想〜スパイラルチェイン

　主題（テーマ）を決め、そこに関連のある事象をいくつかつなぎながら派生させたり、かけ合わせたりして企画を考える。

―【企画例】――――――――――――――――――――

【DIY】巨木を切り倒して世界に１本だけのバットを自作してみた！

プロ野球選手が、山に入って巨木を切り倒す。ワイルドに世界に１本のオリジナルバットを製作する企画。その製作途中や、夜景を見ながらのキャンプなどの映像とともに、野球道具の思い出なども語ってもらう。

企画の方向性：▼性格/キャラクター　▼野球愛
発想のプロセス：テーマとして「野球」を設定。その後、野球→バット→木製→木からつくる、という発想から「DIYしてみる」という企画まで派生させる。

6 複製〜クローン

似ているジャンルで、**すでに結果が出ている企画をトレース**する。実施する場合、オリジナリティを追加するか、動画内で「○○でやっている△△という企画をやりたい」など、複製することを言及すると、炎上なども避けられる。

―【 企 画 例 】―

【リアル野球盤】プロ野球のレジェンドOB大集合!! いざ試合開幕!

野球好きなら誰もが知っているであろうテレビ朝日系『とんねるずのスポーツ王は俺だ!!』の「リアル野球BAN」を真似る。その野球選手の交友関係なども垣間見える内容に。

企画の方向性：▼技術/身体能力　▼野球愛

発想のプロセス：「リアル野球BAN」をトレース。YouTubeでも類似企画を実施しているチャンネルがいくつかあり、結果が出ている。また「レジェンドOB」との対決企画もスポーツ系のチャンネルにて頻出。

7 模倣変容〜イミテーションチェンジ

映画・漫画・小説など、ほかのジャンルのコンテンツ、他業界や異分野で成功しているアプローチやアイデアを取り入れ、それをベースに独自の変容を加えることで新たな企画を考える。

―【企画例】―

もしもプロ野球選手が草野球の試合に参加したら？バレる？バレない？

プロ野球選手が変装して、草野球チームのメンバーに紛れて試合に参加する。途中から動きのキレが違いすぎたり、ホームランを連発したり、怪しまれてバレるのか？／バレないのか？　を検証していく。

企画の方向性：▼新規層向け　▼技術/身体能力

発想のプロセス：「異世界転生系の小説」の設定を参考に。その時々に流行しているコンテンツなどと絡ませると、新規流入も見込みやすい。

8 流行同調〜ブームアジャスト

検索ボリュームや関連動画などから、プラットフォーム上で**数字がとれそうなテーマを意識**して企画を作成する。

【企画例】

【ASMR】野球用具を磨く音

プロ野球選手が使っているスパイク・グローブ・バットなどを手入れしているところを丁寧に見せる動画。立体音響機材で収録し、手入れ中のリアルな音を楽しんでもらう。野球用具に対する愛が伝わるようなエピソードトークを。そうした姿から人間味も演出することができそう。

企画の方向性：▼野球愛　▼新規層向け

発想のプロセス：流行りのフォーマットである「ASMR（Autonomous Sensory Meridian Response＝聴覚や視覚の刺激による心地いい感覚や状態）」に着目。それをプロ野球選手の日常に落とし込む。

9 慣用句派生〜イディオムイノベイト

ことわざや慣用句から着想を得る。人類が築きあげた「あるある」が詰まっているので、企画としてもわかりやすい。

【企画例】

【検証】プロ野球選手だったらどんな素材の「棒」でもホームランを打てるの？

さまざまな棒を用意して、実際にボールを打ってみたらどうなるのかを検証する企画。金属バットをベースに、角材・バール・流木なども。野球選手の身体能力もブランディングすることが可能な企画。

企画の方向性：▼技術/身体能力

発想のプロセス： 日常でよく使う慣用句・ことわざを調べて見つけた「弘法筆を選ばず」ということわざから連想。

10 欲求供給～ディザイア・サプライ

　人間の根源的な欲求に着目して、それを満たしてくれるような企画を考案する。単純なところでいえば、**三大欲求（食欲・性欲・睡眠欲）に即したコンテンツ**は伸びやすい。食べ物系・エロ系・睡眠導入系など。

【企画例】

【爆食】練習終わりのチームメイトと焼き肉食べ放題に行ったら何キロ食べる？

練習後にチームメイトたちと一緒に焼肉店を訪れ、大食いする。普段のチームメイトとの雑談を見せることで、親近感を抱いてもらうこともできそうな企画。

企画の方向性：▼性格/キャラクター　▼新規層向け
発想のプロセス：三大欲求の「食欲」に注目。YouTubeでは、食事系動画の需要は高いので相性もいい。

11 接続〜クロスリンク

　少し似ているが異なる**2つ以上の事象を組み合わせてみる**ことで、新しい企画の着想を得る。ある程度の共通項をつくることで、視聴者の見たいものの想定からズレすぎず、オリジナリティのある企画になりやすい。

【企画例】

【パワプロのプロVS野球のプロ】奇数回はゲーム！偶数回は野球！どっちが勝つ？

野球ゲーム「実況パワフルプロ野球（パワプロ）」と本当の野球のミックスルール対決。ある程度、実力が均衡するように「1OUT交代制」「1回の攻撃で3点まで」など特殊ルールを設けることも検討。

企画の方向性：▼技術/身体能力

発想のプロセス：「野球ゲーム」と「実際の野球」との組み合わせ。よりニッチに攻めるならば「手品」と「隠し球」、「心理学」と「配球の読み」など。

12 形式抽出〜ゲット・ザ・フォーマット

　YouTube上で再生回数を稼いでいる動画から、**企画のフォーマットだけを抽出**する。

　YouTubeであれば「〜するまで帰れない！」「〜したら即帰宅」「寝起き5秒で〜」という定評ある企画の「〜」の部分を変えていく。ほかの発想技とも組み合わせやすい。

【 企 画 例 】

プロ野球選手の試合当日のモーニングルーティン

試合当日の朝のルーティンを紹介していく動画。プロ野球選手のプライベートを見せることで、親近感を抱かせるようなブランディングができる。

企画の方向性：▼野球愛　▼新規層向け
発想のプロセス：「モーニングルーティン」というYouTube上で再生回数が獲得しやすいフォーマットに着目。

🐻 アイデア出しに「慣れる」には？

　さて、人間の「慣れる」という習性は本当にすごい。聞くところによると、刑務所の生活でさえも、1カ月もたてば順応してしまうらしい。

　僕たちの会社では、新入社員研修として、ノンジャンルで100本のYouTube動画を見て、簡単な感想をまとめてもらっている。
　僕たちの会社に入ろうとするくらいだから、新入社員のみなさんは、日頃からYouTubeをよく見ている人が多い。しかし、そのほとんどは、自分が好きな特定のチャンネルしか見ない。

　YouTubeというプラットフォームには、よく見る動画と似たものをレコメンドする機能がある。つまり、あるジャンルの動画を見始めると、似たような動画をどんどん紹介してくれるのだ。
　そこから芋づる式に、知らない世界が広がる面白さは、いつも決まったチャンネルしか見ていない人には得られない。

　そうして、さまざまなジャンルを見ているうちに、自然と媒体の仕組みを理解する。
　さらに自分が興味のなかった分野でヒットしているものを見

ると、「なぜこんなものが？」と疑問が湧いてくることもある。**自分たちの趣味や嗜好から外れたコンテンツを見ることでしか、気づけないことがたくさんあるということだ。**

僕たちは、なかなか再生回数が伸びずに悩むYouTuberの相談にのることがある。

そんなときにまず伝えるのは、**「とりあえず100本、動画をアップしましょう」**ということだ。

投稿するジャンル内で「これなら伸びる」という正解は1つではない。たとえ同じジャンルでも、あるチャンネルでは喜ばれても、別のチャンネルでは見向きもされない企画もある。

どんな分野、どんなことでも、目安としては「100」。
100本の記事を読むでも、動画を見るでもいい。当たり前だが、そのプラットフォームに慣れたうえで発想をしてみると、当事者の感覚に近いものになるはずだ。

POINT

- 企画者とユーザーがともに「なんかいい」と思える企画
- 1つの企画がチャンネル全体を表現する
- 特別な企画より寄り添える企画
- 見えない条件を言語化することから

COLUMN1

これまでの企画のなかで
「これは間違いなく伸びるな」と思った企画は?

たけち

東海オンエアさんの「この動画は再生回数0回を目指します。」という企画ですね(24ページ参照)。

東海オンエアさんから「普段の動画に作家が入ったら視聴者にバレるのか?」という企画を実施するというお話をいただいて、企画・演出させてもらった動画です。

テレビの構成作家をしていた10代の頃、「視聴率0パーセントを目指す」という企画をつくったことがあり、メタ的に超越していて個人的に好きな企画でした。

テレビ番組では、コンプライアンス的に厳しいと判断されてボツになったものの「いつか実現したい!」と思っていた企画なので、いいチャンスでした。

すのはら

僕たち自身が運営している「ホームレスが大富豪になるまで。」(@HomelesstoBillionaire:チャンネル登録者数 39.4万人)というチャンネルのコンセプト自体が「間違いなくウ

ケるな」と思いましたね。

　目標が遠すぎるサクセスストーリーは「目新しいな」と感じていたし、YouTubeによって人生が変わった人をたくさん見てきたので、「誰の人生が変わったらいちばん応援したくなるか（感動するか）」という視点で考えていて、思いついたコンセプトです。

　たけちさんと初めて会ったとき、すでに話をしていた企画でもあり、その後も、ことあるごとに話しまくっていたんですが、人選もあってなかなか実現できず、6年ほどたってやっと実現できました。

PART

2

徹底的に「構造」をパクる?

「パクる」ことは悪なのか？

すのはら　ここまでお話しした「**新しい企画を考える**」以外にも、すでにある流れに乗るというのも、1つの方法ですよね。

たけち　そうですね。YouTubeだけでなく、どの業界でもそうかもしれませんが、その時々でトレンドみたいなものが出てきます。
YouTubeの黎明期（れいめいき）であれば、錠菓のメントスをコーラに入れて激しく噴き出させる「**メントスコーラ**」の企画は象徴的です。
近頃だと、朝の習慣を撮影する「**モーニングルーティン**」や自宅内を紹介する「**ルームツアー**」は、いろんなチャンネルでやってますよね。

「企画」というと、何かオリジナルでスペシャルなものでなければならない、みたいな先入観があるかもしれませんが、個人的には「**徹底的にパクること**」も選択肢の1つだと思ってます。

どの分野でも、創作活動なら同じことがいえると思っています。
たとえば「**音楽**」。最初はコピーバンドでいろんな既存の曲をやって、プロの真似から始めますよね。
そこで自然とコードとかメロディの教科書的な部分を学んでいく。それを知って初めてオリジナルの曲がつくれる、というか。

「パクる」っていうと語弊があるかもしれないですけど、そもそも企画において、まったく同じものを再現することって、**ほぼ不可能**ですよね。
撮影する環境、演者そのもの、キャラクター、どうしても要素が異なってきます。

珍しい固有名詞や特徴的なデザインといった表層の部分をパクるのはよくないですけど、「**構造**」はパクってもいいと思いますね。

 どうやって「構造」をパクるのか

 たとえば、サッカーの「フリーキック動画」の企画が流行っているとしよう。

 同じフリーキックにフォーカスした企画にするにしても、演者が「サッカーを始めたばかりの小学生」と「プロサッカー選手」では、内容も違えば、視聴者が期待することも違ってくる。

 ちなみに「フリーキック」自体はサッカー用語であり、これを「パクリだ！」と言う人はいないだろう。

 ただし、気をつけたいのが、オリジナルの固有名詞などを断わりなしに使ったり、著作権のあるものを、そのまま真似したりしないこと。

 さらに流行りのフォーマットに乗っかったとき、**「なぜこれが流行っているのか？」「どういうポイントを押さえれば伸びるのか？」**と考えてみることも大切だ。

 流行っている企画の「構造」をパクりながら、多くの人に受け入れられている要因やほかの企画に応用できないかを検討するのだ。

「徹底的にパクるのはわかったけど、企画者としての個性を出さなくていいの？」
「まわりと同じものばかりつくっている人に、企画の依頼をし

ようとは思わないんじゃない？」

　そう思われた方もいるだろう。たしかにその通りである。
「パクる」というと、人聞きの悪い感じがするけれど、企画を生み出すことに慣れるための、最初の段階なのだ。

　これは日本の茶道や武道で用いられる「守破離」に通じる。
　現場における教科書通りの"型"を実践する「守」、次に教科書とは違うやり方で"型"を破る「破」、最終的には自分自身のオリジナリティを強固にしていく「離」である。
　この最初の「守」については、世の中でうまくいっていることを参考にして模倣（真似）するともいえる。

　もちろん、著作権を侵害しないように配慮しながら、徹底的に模倣する。
　パクってパクってパクりまくるわけだ。そうすれば「破」の領域に進める。
　64ページで触れたように、「なんかいい」と思ってもらえる企画の要素を見つけ、言語化できるようになるための手段でもある。

　もちろん最初からある程度、自分たちのスタイルを貫くという選択肢もある。

しかし、僕たち同様本書を読んでくださっている多くの方々には、ほかの人に企画を提案する機会が多くあると思う。

そんなとき、**「その企画がもたらす効果や、やる意味を説明できること」** が求められるはずだ。

普遍的な「なんかいい」を見つける

企画のネタを探すために、さまざまなリサーチをすることは不可欠だ。

この際、いま何が流行っているかだけでなく、**過去に何が流行したかを調べるのも、思わぬヒントを得られる。**

77ページでも触れた2000年前後に放送されていたTBS系『ガチンコ!』では、元WBA世界ミドル級チャンピオンの竹原慎二さんが、不良少年たちをプロボクサーに育て上げる企画「ガチンコ! ファイトクラブ」が大人気だった。

この企画を、ひとひねりしてYouTubeに持ち込んだともいえるのが、プロ総合格闘家の朝倉未来さんが開催する「BreakingDown(ブレイキングダウン)」だ。

「ガチンコ! ファイトクラブ」から25年ほどたったいまでも、ヤンチャな不良少年たちが、いざこざを起こしながらガチンコでぶつかり合う姿を「なんかいい」と感じるのだ。

歴史は繰り返すといわれるが、以前に流行ったコンテンツが、再び脚光を浴びることも多い。

　もちろんこれはコンテンツだけではない。俳優やアイドル、そしてファッションなども、時代を経て繰り返す。

「1周まわってなんかよくなる」 のだ。

　1997年のフジテレビ系「月9」ドラマ『ビーチボーイズ』に出演していた反町隆史や竹野内豊の髪形やファッションは、令和のいまに持ってきたとしてもイケてると思う。

　いま人気の女性5人のK-POPグループ「NewJeans（ニュージーンズ）」は、平成の時代、渋谷などにいたギャルたちを彷彿とさせる。

過去に流行ったものを振り返ると、人が「なんかいい」と思うものは、根本的には変わらない。

　もっと大きく捉えるなら、人の根本的な欲求は、時代が変わっても大きく変わらないのだろう。

　『現代広告の心理技術101〜お客が買わずにいられなくなる心のカラクリとは』の著者で、アメリカの大手企業をクライアントに持つセールスライター、ドルー・エリック・ホイットマンいわく、人間は **「生存欲」「食欲」「障害回避欲」「性欲」「安全欲」「優越欲」「愛情欲」「承認欲」** の8つの欲のいずれかに働

きかければ、行動に駆り立てることができる。

こうした根源的な欲求に働きかけることも、企画をつくるうえで有効な選択肢となり得る。

過去の企画を「現代版」に調整する

過去に流行ったことを振り返り、企画に取り入れたいと思うものが見つかったとする。

そんなとき、過去のコンテンツをそのまま丸パクりして取り入れてしまうと、著作権侵害に当たるのはもちろん、非難を浴びたり、炎上したりする可能性がある。

なぜなら「価値観」と「プラットフォーム」が異なるからだ。

そもそも、丸パクりしたところで、企画者として楽しいはずもない。

かつて、テレビ東京系のバラエティ番組『TVチャンピオン』の「全国大食い選手権」が流行った。

ジャイアント白田やギャル曽根など、えりすぐりの大食い自慢が集まり、大食いの速さや量を競ったものだ。

これを「価値観」と「プラットフォーム」という切り口から、現代版に調整してみよう。

> **❶ 価値観**
> 現在はコンプライアンスの意識が高まり、「食べ物」で遊ぶようなコンテンツは炎上する可能性が高い。現代版に調整するなら **「汚く食べるようなことはしない」「食べ切った映像を見せる」** ことが必須となる。
>
> **❷ プラットフォーム**
> YouTubeというプラットフォームでは、YouTuberという一個人が楽しみながら好きなコンテンツを発信しているところに共感が集まりやすい。そのため、できるだけ企画色を強めず、**演者のキャラクターが最大限伝わるような「会話」** を多めに見せるようにする。

このように、過去に流行ったものを現代版に調整することがポイントだ。

つまり「大食い」をテーマにするという構造はパクっているが、現代版に調整した動画をつくれば、まったく違う印象になり、非難や炎上を避けられる。

🐻 アイデアが枯渇したらどうする？

僕たちがYouTube作家として活動し始めたばかりの頃、とにかく仕事のきっかけをつくろうと、当時活躍していた多くの

YouTuberの方々に、頼まれてもいないのに数多くの企画を提案した。

　ガムシャラに企画の数を打っていたわけだが、そんなアウトプットの日々が続くと、さすがにアイデアが枯渇してしまい、似たようなものしか出てこなくなったことがあった。
　焦ってYouTubeでリサーチを繰り返しても、ただ時間が過ぎるばかりで、なかなか新しいアイデアは浮かんでこなかった。

　そんな苦境にあらがっていたとき、僕たちが起こした行動は、**「普段見ないジャンルのコンテンツを見る」**ということだった。
　これは89ページで触れた僕たちの会社の新入社員研修の始まりにもつながっている。

　たとえば、「ホラー」のジャンルを見たことがあった。僕たちは2人とも、ホラーをほとんど見ない。理由は、なんとなく怖いからだ。
　でも、新たなアイデアを見つけることを意識すると、こうした普段見ることのないジャンルに触れることで、新しい発見を得られる。
　やっぱり怖かったけれど……。

　ホラーでは、視聴者を驚かすため、いきなり音が大きくなっ

アイデアを生み出す悩みを解決する!

4つのステップで新発想!

STEP 1. 普段見ないコンテンツに触れる
（ホラー映画を見る）

STEP 2. 要素分解する
（閉所・暗闇・痛み・高所・視覚など）

STEP 3. 違う対象を想定する
（ドッキリ・お笑い・スポーツ）

STEP 4. 要素を再構築する

アイデアが枯渇したら、
普段見ないジャンルのコンテンツにあえて触れてみる

なんとなく怖くて、ホラーを見ていなかったけれど……
「ドッキリ企画に使えるかも!」

「怖くないのにホラーテイストに見せるとシュールで面白いかも!」

たり、人物が現れたりする。

そんな場面を見て、僕たちは「ドッキリの企画で使ったら面白いのではないか」という着想を得た。

逆に「ぜんぜん怖くないものをホラーのような表現で見せる」という切り口も思いついた。**同じシチュエーションを、まったく別の場面で再現するというアイデアだ。**

企画系の仕事をしていると、アイデアに行き詰まったり、何も思い浮かばなくなったりすることがあるだろう。

そんなときは、幅広い情報に数多く触れてみるほうがいい。特に、これまで自分がなんとなく避けてきたものがオススメだ。

「企画に活かせないかな」という視点さえ忘れなければ、目にする情報すべてが、自分の身になる。

手持ちの情報は、多ければ多いほどいい。別の場面で活用することもできるし、かけ算して新しい組み合わせを生み出すこともできる。素材は多ければ多いほど、可能性が広がる。

いいと思った企画の構造を「要素分解」して、発想のプロセスを想像する。

何を起点にしたのか、どういう飛躍をしたのか——そこで見つけた発想法が、次の企画に直結していく。

「企画力」というと曖昧なスペックに思えるかもしれない。しかし、ストックしている情報をベースとした発想の数は可視化できる。

発想のストックが増えたら、アイデアをひねり出すシチュエーションで使ってみてほしい。

蓄えるだけでは、経験値はあがらない。そこから、また自由に発想技をかけ合わせたり、こねくり回したり。

どんな技をストックしているのか、どんな使い方をするのか、それがその「企画者」としての個性になっていく。

なぜ「コンテンツ」にするのか

ここで、多くの企画者がぶつかる壁であろう「そもそも、なぜ企画して、コンテンツにするのか？」という素朴にして、本質的な疑問に触れておこう。

僕たちも企業案件を請け負った当初、この疑問にぶつかった。「商品を宣伝したいなら、動画をつくるより、広告をたくさん打ったほうが効果的なのではないか？」と素直に感じたからだ。

広告効果を見込んでYouTube動画をつくると、制作費用もかかるうえに、自社スタッフ以外の人材も巻き込むことになる。そのため、調整期間などもプラスされて、広告効果を得られるまでのリードタイムが長くなる。

コスパもタイパも悪いような気がしたのだ。

では、それでもなぜ、わざわざ企画を立てて、コンテンツをつくるのか？

答えはすごくシンプル。コンテンツは「資産」になるからだ。

広告の場合、公開される「期限」がある。仮に予算が数億円あるとしても、ある程度の期間がくれば、その広告は終了してしまう。

しかし、自分たちでつくったコンテンツは半永久的になくならない。つまり、使い続けられ、蓄積されていくのだ。

長期的な視点で捉えれば、蓄積されたものは、あとから気になった人も接触できるし、自分たちの歴史にもつながる。

もちろん、コンテンツをつくり、それを広告としてまわすことで営業的にも効果が得られれば、それにこしたことはない。

しかし、実際のところ、どちらにより予算をかけるか、どちらに重きをおくかという点は、検討しなくてはならない。

僕たちは、基本的にコンテンツを制作する側ではあるが、資産にならない広告が悪いとは、まったく思っていない。

比較的新しい会社で、新しい商品やサービスを早く世の中に認知してもらいたい場合は、広告に予算をかけるほうが効果的

だと思う。

ただし、歴史がある老舗企業やすでに認知度の高い商品をさらに訴求するというブランディングの要素がある場合は、コンテンツの制作が有効だと感じている。

ブランディングの目的はいろいろあるかもしれないが、究極の目的は **「ファンを増やす」** ことにあるだろう。

ファンを増やすことを考えるとき、直接的な商品のスペックを訴求するより、その企業や人物のことを好きになってもらったり、商品自体のオリジナリティに共感してもらったりするほうが大切だ。

企画を通して自分たちを知ってもらい、資産となるコンテンツが蓄積されることによって、一過性でないファンを獲得していける。

POINT

- 著作権侵害に注意してパクりまくる
- 過去にヒットしたコンテンツからヒントを得る
- 「価値観」や「プラットフォーム」を調整
- いつもは見ないジャンルのコンテンツに触れる

これまででいちばん大きな失敗はなんですか?

たけち

以前、とある企業の経営層の方と会食する機会があったのですが、それを僕がなぜか勘違いして、制作チームの打ち合わせだと思い込んでいたことがありました。

しかも、そのとき道路が混んでいたこともあって、待ち合わせ時刻に5分ほど遅れて到着したんです。

真夏の暑い日だったので、サンダルに短パンという格好で……あのときは、暑いのに寒かったですね。

すのはら

失敗したと思ったことがないので、もしかしたらこの性格が失敗なのかもしれません……。

PART 3

感情を揺さぶる「構成」のつくり方

「構成」は企画のロードマップ

すのはら 続いては「**構成**」ですね。僕たちは普通に「構成」って言葉を使いますけど、みなさんも使うんですかね?

たけち たしかに、制作系の職業でなければ、あまりなじみがない言葉かもしれませんね。

す ここでいう「構成」とは、ざっくり言うと、企画を実際のアウトプットに落とし込むための**指南書**、またその流れをつくるものです。
動画だったら、展開を考えるのも構成に含まれます。

た 「何をどう伝えるのか」の「何」が企画だとしたら、**「どう」が構成**になるんじゃないかと思ってます。

す 僕が人生で初めて「構成」に触れた作品は、中学生のときに見た映画でした。小説家・伊坂幸太郎さん原作の映画『**フィッシュストーリー**』です。
時系列もバラバラで、一見すると、なんの関係もないようないくつものストーリーが、ラスト30分ですべてつながったときは、「**これが伏線回収というものか!**」とシンプルに感動しました。

僕が「構成」に触れたのは、TBS系で放送された宮藤官九郎さん脚本のドラマ『**木更津キャッツアイ**』でしたね。
1時間のドラマの前半部分を「表」、後半部分を「裏」として構成していて、劇中に突然、野球のスコアボードが出てきて「〇回表」がひっくり返り、「〇回裏」がスタートするんです。
「表」で謎や伏線を張りまくって、「裏」で見事に全部回収します。
しかも、ただの群像劇で終わるのではなく、実験的な構成も多いので、"クドカン作品"は総じて好きですね。
同じくクドカン作品で、TBS系で放送されたドラマ『**タイガー&ドラゴン**』の構成も印象的でした。落語家を目指すヤクザが主人公ですが、毎話、主人公が新しい落語の演目を習得していくんです。
その演目の展開を現代風に解釈し、ドラマのストーリーもそれをなぞって進んでいくという構成で、僕はかなりの衝撃を受けました。

 構成次第で、企画や作品はよくも悪くもなりますよね。
企画を出すだけなら細かい言語化が必要ないので、
「**なんか面白そう**」ってところまでは持っていきやすい。
だから構成は、企画を実行するまでのロードマップにも近いのかな。

 そうですね。アウトプットのことまで考えると、「企画」だけじゃ成り立たないです。
だからこの本では「**構成**」や「**運用**」のことまでちゃんとお話ししたいと思ってます。

🐻 構成を「木」にたとえると

企画が決まったあと、次に考えるのが「構成」だ。しかし実は、この「構成」が意外と難しい。

その理由としては、==「何から考えたらいいのかわからない」「アウトプットのために必要な情報が、過不足なく考えられているのかわからない」==といったことが挙げられる。
僕たちも「構成」には当初、苦悩した記憶がある。

PART1で伝えた「企画」については、大物クリエイターの本やフレームワークなどが、世の中にある程度出まわっている。
ただ、かなり重要なはずの「構成」について、しっかりと言及した本は少ない印象だ。

そこで、これまでの経験から僕たちが培ってきた「構成」についての考え方を丁寧に解説していこうと思う。
まずは次の「木」のイラストを見てほしい。このイラストは、僕たちの会社の新入社員研修でも使っているものだ。

1つひとつの要素について説明しよう。

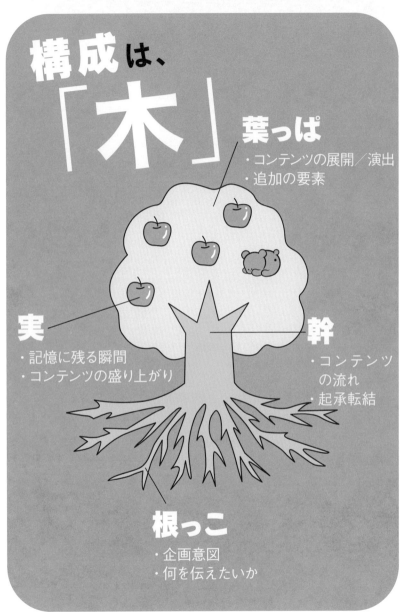

★ 根っこ（企画意図）

まず、企画でもっとも大切なのが、根っこの部分となる「企画意図」だ。なぜ、この企画を立てるのかという根拠や、この企画で何を伝えたいのかといった目的の部分となる。
これが定まらないと、コンテンツがあちこちにブレて、なんのためのコンテンツか伝わりにくくなる。

★ 幹（コンテンツの流れ）

コンテンツの基本的なストーリーが「木の幹」に当たる。この部分では、細かい要素を考えなくてもいい。
どんな話をどんな流れでつくるか、起承転結があるのであれば、どう始まってどう終わるのか、その流れを考える。

★ 葉っぱ（追加の要素・展開）

葉っぱにたとえられるのが、根っこと幹に追加する要素と展開だ。幹の基本の流れに要素を加えていく。
この葉っぱの部分は、基本の流れから考えると「しなくてもいいこと」かもしれない。でも、葉っぱがないと、単に流れを追うだけの単調な構成になってしまう。
葉っぱを加え、その部分の演出を工夫することで盛り上がりが生まれるし、動画であれば尺（時間）を長くすることもできる。
ただし、葉っぱ部分は、あまりにも本題と無関係になりすぎると「ノイズ」になる可能性があるので、その点は要注意だ。

★実
（確実に記憶に残る瞬間・コンテンツならではの個性）

最後に、実にたとえられるのが、そのコンテンツならではの個性であったり、確実に記憶に残ったりする部分だ。
YouTubeチャンネルであれば、ブランディングにもつながる非常に重要なポイントとなる。
一般的にブランディングとは、「その企業ならではのもの」として、ポジションを明確にし、認知してもらうための取り組みともいえる。
YouTube動画のブランディングも、そのチャンネル、もしくは演者ならではの個性を印象づけることと同義となる。

——ここまで説明してきたが、少々抽象的で具体例がないとわかりづらいかもしれない。
　そこで、この「木」にたとえた考え方をベースに、再び69ページで触れた「プロ野球選手」の企画に落とし込んで考えてみよう。

---【 お 題 ・ 再 掲 載 】---
あるプロ野球選手が YouTube チャンネルを開設しました。あなたは、そのチャンネルのコンテンツ制作を依頼されました。チャンネルのおもな目的は、その選手の認知度の拡大とブランディング。具体的には、その選手のファン獲得や試合を見にきてくれる人の拡大です。

【企画例：81ページ参照】
【DIY】巨木を切り倒して世界に 1本だけのバットを自作してみた！

▼根っこ（企画意図）

プロ野球選手がいつも当たり前に使っている野球道具「バット」をフックに、その人の道具との思い出や野球愛とともに個人のキャラクターを伝える。
今回は、なかでも「自作」「DIY」という部分にフォーカス。木を切り倒して木材を得るところからスタートして、一から十まで本人が行い、世界に1本だけのバットをつくるストーリーに。

▼幹（コンテンツの流れ）

この幹では、演者（プロ野球選手）が「何をするのか」を考える。「どうやるのか？」といった細かい点は葉っぱの部分で考える。

―【 何 を す る の か (例) 】――――――

❶
・移動中の車内でオープニング
・山に向かっている最中に企画意図や計画を話す

❷
・1泊するサバイバルキャンプ地（私有地）を決定し、拠点を完成させる
・目的の木を決定して、チェーンソーで切り倒す
・木が切れたらそこからバットづくり開始！

❸
・夕方作業を中断して、夕食の準備を始める！
・美味しそうなキャンプ飯が完成
・夕食後、深夜まで作業をして就寝

❹
・翌朝、モーニングコーヒーを入れてから作業再開
・昼頃にオリジナルバットが完成して下山
・グラウンドに行き、完成したバットで実際にボールを打ってみる

▼葉っぱ（追加の要素・展開）

ここでは、あまりフレームワークにとらわれず、「どうやるのか？」の展開案をひたすら箇条書きにしていく。
また、撮影中に当日の現場の雰囲気などを加味していくこともある。あくまで可能性を広げるための選択肢をたくさん追加することが重要。

【どうやるのか？　の展開案（例）】

・ドライブ中に寄り道、その地の名産などを食べる
・テント設営、撤収を1人でするシーンを早送りで入れる／カンナがけ、やすりがけをするシーンを早送りで入れる
※作業シーンは普通につなぐよりも早送りしたほうが"頑張っている感"が伝わるのと視聴維持率が上がるため
・巨木を力で倒しているシーンを入れる
・試作品を素振り、近くの石などを打ってみるシーンを入れる
・箸を忘れてしまったことに気づいて、即座に木で箸をつくる
・火起こしのシーンを入れる
・たき火を見ながら野球愛、チャンネルについて語る（BGMを落としてたき火の音だけにするなど）
・疲れて休憩するシーンを入れる

- 美味しそうな肉を焼く、食事のシーンをつくる
- 普段使っているバットと比較するシーンをつくる
- 製作中に木製バットづくりの名人がきてアドバイスをくれる

▼実
（確実に記憶に残る瞬間・コンテンツならではの個性）

この部分は演者やチャンネルとして見せたい方向性、いわゆるブランディングの観点での要素を書いていく。
この部分を制作サイドがしっかりと共有できていることで、動画としての統一感やチャンネルのトーンなどが明確になっていく。

【見せたい方向性（例）】

- YouTubeでしか見られない演者のキャラクターや素顔を見せる
→1人でなんでもできる頼れる男感を随所に盛り込む／一方で、虫にビックリしちゃうかわいい瞬間があれば入れ込む
- 野球へのひたむきさを必ず伝える
→野球愛を語っているシーンを大切に編集する／キャンプ中でも日課の筋トレをしているシーンを入れ込む／木の種類を選んでいるシーンを入れることでプロとしてのこだわりを見せる

このように、先ほどの「木」に当てはめることで、どうアウトプットするかのイメージが、かなりつかみやすくなる。

🐻「目の前の欲望」は何か

「ここまで構成の話を読んだけど、盛り込もうと思えばたくさん盛り込めるから、どこまで考えるべきか、何を取捨選択すればいいのかわからない」

こんなふうに感じた人もいるだろう。たしかに展開や流れなどは、考えようと思えば無数に広がってしまう。
そんなときは、1度シンプルに「**目の前の欲望**」を考えてみるのがオススメだ。

想像してみてほしい。あなたがネットサーフィンをしていて、「**中国の繁華街で見つけたすごすぎる料理人の技**」というタイトルの動画を見つけたとしよう。
そして、その動画をクリックしたとき、最初に見たい情報は何か（つまり「目の前の欲望」は何か）。

当たり前だが、「すごすぎる料理人の技」が見たいはずだ。

そう考えると、この動画にはオープニング映像も字幕もいら

> 「このコンテンツを見たとき、
> 人は
> どんな反応をするだろうか」
> 「次は何を見たいと思うだろうか」
> ――と
> 「目の前の欲望」を考えると、
> 構成のなかに
> 盛り込みたい要素が見えてくる

ない。

　最初から「すごすぎる料理人の技」を見せるのが、目の前の欲望を充足させるのには最適なのだ。

　これはわかりやすい例だったが、**とにかく「飽きさせない」で「目の前の欲望」を満たすことが大切だ。**

　目の前の人が「なんか長いな」「飽きてきたな」「見づらいな」とコンテンツから離れる前に、次の一手を打たなくてはならない。

　実は、同じ場面やBGMが20秒以上続くと、飽きられて離脱されやすいというデータもある。

しかし、直接的に、最初に、すべてを見せればいいというわけではない。

　たとえば、演者の「人柄」が好きなファンに向けたコンテンツづくりをするのであれば、最初に特徴的な発言を持ってくるのもいい。

　逆に、そのチャンネルの「企画」が好きなファンに対してであれば、企画の説明やハイライトなどを最初に持ってくるほうがいい。

「このコンテンツを見たとき、人はどんな反応をするだろうか」「次は何を見たいと思うだろうか」と想像することができれば、構成に盛り込むべき要素が見えやすくなるはずだ。

"永遠の初心者"という感覚を忘れずに

　企画や構成を考えていると、その分野の知識がだんだん深まっていく。そこに陥りやすい落とし穴がある。
　それは**「自分がわかっていることは、ほかの人もわかっているだろう」**という思い込みだ。

　たとえば、生物学の教授のチャンネルをつくるとしよう。
　もしかしたらその教授にとって、「このハチに刺されると、どれぐらい痛くて、どれぐらい腫れあがって、治るまで何日か

かる」というのは、常識中の常識であり、あえて動画にするのは、恥ずかしいくらいの話かもしれない。

しかし、そのハチに詳しくないけれど、生き物に興味のある人にとっては、それこそが知りたい、面白いと思うことだったりする。

そう、人は特定の分野に詳しくなればなるほど、アカデミックで頭でっかちになり、門外漢の一般人をおいてけぼりにしがちなのだ。

そうならないようにするには、「自分がわかっていることは、ほかの人もわかっているだろう」と思っていないか？　と省みること。

もっとシンプルに言うと、**"永遠の初心者""永遠の新入り"**の感覚を持っておくべきなのだ。

何も知らない人や興味がなかった人でも楽しめるか？

この視点は、心の片隅に、常に持っておきたい。

POINT

企画意図、コンテンツの流れ、追加の要素・展開、確実に記憶に残る瞬間・コンテンツならではの個性──に当てはめてアウトプットのイメージをつかむ

迷ったら「目の前の欲望」にフォーカス

"永遠の初心者"の感覚を忘れない

COLUMN 3

知名度の高い芸能人や企業もYouTubeチャンネルを開設していますが、あまり伸びていないチャンネルもある印象です。その理由として考えられることは、なんでしょうか？

たけち

YouTubeに限らず、企画やコンテンツにいちばん必要なのは「熱量」だと思います。

どんなに編集が下手だとしても、熱量さえあれば画面越しに伝わる何かがあるはずなんです。

芸能人のチャンネルでは「流行っているから」という理由で、まわりのスタッフが適当に本人を口説いて、最初はギャラも出ない状態でYouTubeに向き合わせることも少なくありません。

また、企業チャンネルでも経営陣から「YouTubeでの販促方法を開拓しろ」と指示されたから、とりあえずやってみるといった消極的な取り組みがけっこうあります。

チャンネルを伸ばしていくうえでは、演者はもちろんのこと、制作に関わるスタッフ1人ひとりの熱量が高く、一体となった「ワンチーム」になる必要があるのです。

それができていないのだと思います。

　トライ・アンド・エラーを繰り返せば、遅かれ早かれ、何かしらの結果が出てきます。投稿回数が増えれば、そのなかには相対的に「なんか伸びたな」という企画が確実に出てきます。

　そこからは、その1本の伸びを再現していくだけです。

すのはら

　そもそも、コンテンツの制作にまつわるいろんなやり方が、圧倒的に「下手」な印象です。芸能人としての知名度があるからといって、ただYouTubeチャンネルを始めれば伸びるということは決してない。

==「なぜ始めるのか」「どんなことがしたいのか」「自分の需要はどこにあるのか」を理解し、それを表現できるチャンネルは伸びていく印象ですね。==

　とはいえ、有名人としての知名度がまったく関係ないわけではなく、登録者数の伸びの初速には影響があると思います。ただ、長期的に見れば、そこまで関係ないのかなという感じですね。

PART **4**

ファンとつながる「ストーリー」のつくり方

その構成で「感情」が動くのか

すのはら

方法論やデータの話をしてきましたが、結局のところ、人を動かすときは「**感情**」が大事になってきますよね。
僕も以前、漫画『**テニスの王子様**』を読んで感情が動かされて、テニスを始めたんですが、青春学園3年のテニス部レギュラー・菊丸英二の真似をしてアクロバティック打法をやったら、手を捻挫してしまってやめました。

たけち

その話、とても感情が動いてますね。僕は最近だと、ビートルズ最後の新曲「**NOW AND THEN**」ですかね。
1970年代にジョン・レノンが作詞・作曲して、自宅で吹き込んだままとなっていた古いカセットテープから生まれたんですが、この曲はポール・マッカートニーの4カウントから始まるんです。
これって、ファーストアルバム「Please Please Me」の1曲目「**I SAW HER STANDING THERE**」の始まりと同じ構成なんですよね。
そんなオシャレで憎い演出に、感情が揺さぶられないわけがない。いざ曲が始まると、ビートルズとともに生きてきたこれまでの記憶がこみ上げてきて、涙が止まらなかったんです。
ビートルズ作品の**アツすぎる構成**だな、と。

感情が動いてるなあ。でも気をつけなくてはならないのが、**人の感情を動かす**のは、そう簡単じゃないってことですね。
マーケティングの業界にも、仮説を立てて感情を考えるフレームワークがありますが、本気で考えないとぜんぜんくみ取れてなかった、みたいなこと多いですよね。

特に「**女子高生**」なんかは甘く見ちゃいけないですよね。そう簡単に企業がつくったハッシュタグ(#)で、シェアなんてしてくれないですから。

僕たちも気をつけなくちゃ、とは思っていますけど、自分と違う世代の感情は、特に意識する必要があります。
女子高生であれば「**SNS＝人格**」というくらいの感覚をもっている世代です。そんな世代がシェアするというのは、「自分の人格やセンスを公表すること」にも等しいですから。

女子高生

あんまり知ったような口をきかないでもらっていいですか?

はい……。

ストーリーを語り、感情を動かす

YouTubeの企画というと、「面白い」とか「笑える」といったイメージが先行しがちだが、本質的には「感情を動かす」ものだ。
「喜ぶ」「笑う」だけでなく、感動して「泣く」「怒る」といったことも含まれる。

人の感情を動かすには、「ストーリー」を語るべきだ。

ここでいうストーリーとは、必ずしも小説などのような「物語」である必要はない。
共感を誘うようなちょっとしたエピソードを加えるだけでもいい。

たとえば、旅行用ポーチの魅力を伝えたいのであれば、「世界25カ国を旅した担当者が、本当にあったら便利だと思う機能を詰め込んだポーチ」などと考えられる。
単に「ポケットが3つ付いていて使いやすいポーチ」よりも、グッと心を動かされるはずだ。

🐻 ランキングから「傾向」をつかむ

「感情は人それぞれなんだから、とりあえず自分が1人のユーザーの立場になって、いいと思ったものを発信するほうがいいのでは？」

この意見にも一理ある。人の感情は、厳密にはわからない。
ただ、できるだけ多くの人に喜んでもらうためには、大きな「傾向」をつかむことも大切だ。そこで必要になってくるのが、数字などのデータである。

よく勘違いしがちなのは、「自分自身がターゲットとなる年代や性別に当てはまっているから、自分の好みや感覚は多くの人の意見を反映している」という考えだ。

たしかに、自分自身がターゲット層の属性と同じであるなら、「n＝1」を満たしている。
しかし、統計やデータ分析においては、「n＝1」よりも「n＝1000」のデータのほうが蓋然性が高いのだ。

そうした落とし穴にハマらないようにするための、簡単でありながら効果的な方法がある。
新しいジャンルの動画をつくるときなどに、そのジャンルで

伸びている「トップ10」などのランキングをチェックするのだ。

それにプラスして、そのジャンルの最新動画から、ウケているトレンドなども把握する。

人の感情を考えるときこそ、こういった客観的な視点を忘れないことが大切だ。

同じように「人の感情を動かす」ためにも「自分だったらこうする」という独善的な考えを基準にしないことを強く意識している。

たとえば、音楽のオリコンランキングや映画の興行収入ランキングを見て、「えっ、なんでこれが？」と思ったことはないだろうか。僕たちは、よくある。

「いやいや、ランキングに入ってない、この作品のほうが面白いだろ！」なんて思ってしまうことが、メチャクチャあるのだ。

そういった「なんで？」と感じた点は、一般の感覚とは異なっていると思ったほうがいい。

しかし、異なる感覚を持っているからといって、広く一般にウケるものがつくれないわけではない。

さまざまなジャンルのランキングを参考にするなどして、大衆に受け入れられる「王道」をインプットすることで、それとは異なるもの、オリジナリティがあるトリッキーなものもつく

> 自分自身がターゲット層に当てはまるから、
> 自分がいいと思ったものを企画すればいい
> ▶n=1 蓋然性が低い
> 統計やデータ分析をして伸びているものや
> トレンドを把握する
> ▶n=1000 蓋然性が高い
> 広く一般の感情を揺さぶるものをつくるには、
> 客観的な視点を忘れない
> 自分の価値観だけを基準にしない
>
> ※さまざまなジャンルのランキング「トップ10」から
> トレンドをキャッチするといい

れる。

　企画職においては、1つの法則にとらわれないバランス感覚がとても重要だと感じている。

　そのうえで注意したいのが、市場のトレンドや消費者のニーズ、競合の動向のリサーチなど、**特定のジャンルや分野に関する数字を調べるだけにならないようにすること。**

　というのも「感情」を考えるうえでは、人をもっと立体的に、生活導線を含めて捉えることで、解像度がグンと上がるからだ。

その属性の人物が好んでいるほかのジャンルはなんなのか、いま何をほしがっているのか、どういった生活をしたいと思っているのか――。

　そういった部分も考慮できるようになれば、感情の動きを引き出すための**「葉っぱ（追加の要素・展開）」**を考えやすくなる。

🐻 プロセスを公開して「共感」を醸成する

　YouTubeでは1時間分の動画を収録した場合、10分程度に区切り、5〜6本に小分けして、少しずつアップしていくことがある。

　なぜ、そのように小出しにするかというと、動画をアップする頻度を増やせば、視聴者との接触回数が増えるからだ。

　これはマーケティングでよくいわれる**「ザイオンス（単純接触）効果」**で、接触回数が増えるほど好感度が高まるというもの。

　本書で僕たちの会話を、チョイチョイ入れているのも、実はそれが狙い。ぜひ、好きになってほしい。

　そして、小出しにするもう1つの理由は、変化や成長を感じてもらい「共感」と「応援」を醸成するためだ。

まとめて1時間だと、その動画を見て生じた感情の動きは「動画を見ていた1時間」で起こることになる。

　しかし、動画を小出しにすることで、そこに「待つ」という行為が加わる。
　これを機会損失と捉えることもできるが、生活に組み込まれやすいYouTubeにおいては「続き」を見てもらいやすい。
　いうなれば、「月曜発売の『週刊少年ジャンプ』」を毎週心待ちにするのと同じ感覚なのだ。

　1週間にわたって毎日動画を小出しにした場合、その動画を見て生じた感情の動きは、「毎日動画を見ていた1週間」で起きることになる。
　続きを見て、少しずつでも成長をしている演者を追うことにより、「共感」や「応援」といった感情が醸成されやすくなり、「つながり」が生まれるのだ。これが結果的にリピーター、ひいてはファンへと変わっていく。

　この傾向をうまく活用したYouTuberが「コムドット」さんだ。彼らは、「【有言実行】コムドットは年内300万人を達成します。」という企画から始まり、「【過去1】300万人目前のYouTuberが本気を出したらチャンネル登録どれぐらい伸びるのか！？」「【大歓喜】300万人達成したコムドットの裏側を全

て公開します」のように、その時々の状況を動画にして公開してきた。

　自分たちが成長するプロセスを公開して応援してもらいながら、つながりを深め、速いスピードで目標を達成してきたのだ。

　実は、僕たちが運営しているチャンネル「ホームレスが大富豪になるまで。」でも、この手法を取り入れている。
　このチャンネルでは、ホームレスだったナムさんが、YouTubeを始めたことによって起こる生活の変化をリアルタイムで発信しており、登録者数は39.4万人となっている。

　プロセスを見せて「共感」と「応援」を醸成することの重要性は、YouTubeというプラットフォームだけでなく、さまざまな商品やサービスを扱う企業にとっても同じだ。
　どんな商品・サービスなのか、どういうスペックを持つかといった定量的な情報発信だけでは、「共感」も「応援」も生じない。
　そのアウトプットや結果の背景にある「定性的なプロセス」を発信していくことで、企業やその商品への共感や好意を醸成することができる。

　たとえば、試行錯誤しながら商品やサービスを開発している様子だったり、企業カルチャーや制度改革などにも触れたり、

384万 回視聴・1年前

ホームレスのナムさんがYouTubeを始めて、生活の変化を公開しているチャンネル
「ホームレスが大富豪になるまで。」

一見すると売り上げには結びつかない側面にフォーカスするといい。

これが企業（商品）のファンをつくり、ブランディングにつながっていくのだ。

企画が世に出た場面を想像してみる

実は、企画段階では「これはあんまりウケない（伸びない）かも？」と思っていたのに、実際に構成して形にしてみると、面白く仕上がって伸びるケースがある。

大ヒットした∞(ムゲン) プチプチAIR

　YouTube以外の例を示すと、梱包用シートをつぶす感触を味わえる**「∞(ムゲン) プチプチAIR」**という玩具がある。

　玩具メーカーのバンダイが、梱包資材メーカーの川上産業の協力を得て2007年に発売したものだが、その名の通り、荷物などを衝撃から守るためのポリエチレンの梱包用シート・通称「プチプチ」のような玩具だ。

　膨らんだ部分を、ずっと(無限に)プチプチとつぶし続けることができる。

　販売数200万個を超える大ヒット商品となっているそうだが、企画段階ではあっさり却下されたという。

なぜなら、会議に参加していた人たちが、「実際に商品が世に出たところ」を想像できなかったからだ。

　しかし、当の企画担当者だけは、「実際に商品が世に出たところ」を想像できていたのだろう。
　諦めきれなかった企画担当者は、ある武器を携えて、会議でリベンジを試みたという。
　会議の参加者全員に、実物の「プチプチ」を配ったのだ。
　そして、みんながプチプチとつぶし始めたところで、「プチプチがあると、人はつぶしたくなります」とプレゼンしたそうだ。

　すると、その会議で販売が決まったという。この話は、とても簡略化して伝えているが、「実際に商品が世に出たところ」が想像できて、それが「ウケる！」となれば、企画は実現に向かって走り出していくことがわかる。

　ここでポイントになるのは、可視化されていない要素をどこまで構成段階で想像できるかということ。そして、企画の決定権者に、どうやって想像してもらうかだ。
　124ページで触れた「目の前の欲望」にも通じるが、**そのコンテンツにユーザーが接触したとき、「何が起きるのか？」「どう思うのか？」をこと細かに言語化することが、隠れたヒット企画をつぶさないコツになる。**

POINT

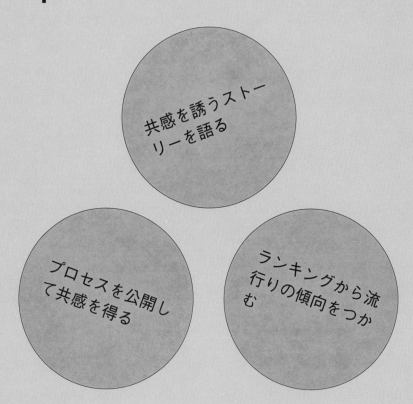

共感を誘うストーリーを語る

プロセスを公開して共感を得る

ランキングから流行りの傾向をつかむ

COLUMN 4

これまででいちばん大変だった現場はどこですか?

たけち

インフルエンサーのサッカーチームをつくるというスポーツドキュメンタリーを演出したときが、いちばん大変でしたね。

撮影自体はそこまで難しい内容ではなかったのですが、その企画のストーリー的には、インフルエンサーチームが絶対に勝ってほしい、勝たないと展開的にあり得ない企画だったんです。

そんな企画を組んでしまったので、スタッフ一同祈りながら試合の撮影に臨みました。

絶対に勝たなければいけない企画とはいえ、難しいのは、対戦相手が格下すぎたら、試聴者の気持ちが乗らない。だから、社会人リーグで活躍する実力のある対戦相手を用意したんです。

その試合に向けて、大きな予算を使ってインフルエンサーチームの合宿なども実施しているので、そういう先行投

資の金銭的な意味でも本当に「負けられない戦い」でした。

いざ試合が始まったら、演者のみんなを信じることしかできないのですが、企画者としては緊張感がハンパなかったです。

大きな撮影時の"現場あるある"なのですが、そういうときこそ、何か撮影中に台本からはみ出した奇跡が起こったりするんです。

不思議なことに、絶対に負けられない試合ほど、奇跡的なゴールが決まったり、感動的な展開が生まれたりします。

涙ながらにカメラを回すディレクターや興奮してカメラに映り込んで選手にハグしにいくADなど、本当にスタッフ・演者が一体となって撮影に挑みました。

すのはら
僕は、ライオンを扱った企画の撮影現場ですかね。

ライオンの重量に床が耐えれるのか、ライオンが怒って暴れたりしないか。相手が猛獣だけに、死亡事故だって考えられるので、すごく気を使いました。

結果として、撮影当日のライオンさんは機嫌がよく、ただただカワイイだけの撮影になってよかったです。

PART
5

身近に感じて「つながり」を深める方法

「やらせ」と「自然」は何が違う？

すのはら　構成では、企画の流れに沿った台本的なものもつくりますけど、台本にのっとって演者が動くというと、俗にいう「**やらせ**」とも見られかねません。その違いってなんなんですかね？

たけち　なかなか難しいお題ですね。そういう視点からすると、僕たちのつくってる台本は「**演出書**」みたいな感じがしています。つまり、その企画で見せたいことを、より際立たせるための演者の**"選択肢"**がたくさん書いてある、みたいな。

　たしかにそうですね。「やらせ」というのは、辞書的には「テレビのドキュメンタリーなどで、事実らしく見せながら、実際には演技されたものであること」(『デジタル大辞泉』より)です。事実をねじ曲げたり、全部のセリフが決まっていたりする感じですもんね。たけちさんの言葉を借りると、僕たちの「演出書」では、**ウソや決め事は書いてない**んです。

🐻 だから、結果としてどうなったかの部分は、収録してから判断しますよね。でも、事前にさまざまなパターンの落としどころは想定します。
たとえば、「**2人組YouTuberの釣り企画**」の演出書をつくるとしたら、まず想定①魚が釣れた場合、想定②魚が釣れなかった場合、どちらのパターンになってもいいように、どんな展開にするのか構成を考えます。

🐻 そうですね。そして、想定①魚が釣れた場合でも、大物が釣れたら魚拓をとって料理する、小魚1匹だけなら2人がケンカしながら小魚を取り合う、みたいな構成を立てておきます。

🐻 ただし、YouTubeは「人(演者)」を見にくる視聴者が多いので、その**キャラクターに合っているか、演者自身がそれをやりたいか**は、考慮しなくてはいけませんね。

🐻 結局のところ、その**チャンネルらしさ**を、企画を通して表現できれば問題ないですからね。
想定通りになることよりも、どんなパターンでもコンテンツを成立させることが大事なんです。

🐻 想定外のことを前向きに捉える

　僕たちは、コンテンツの流れを想定するうえで、「**その企画をやると、どんな結果になるのか**」のパターンを複数考える。

　そこで早速、また先ほど例にあげたプロ野球選手の企画をベースに考えてみよう。

🐻【DIY】巨木を切り倒して世界に　　１本だけのバットを自作してみた！

　山でキャンプをしながらDIYでバットをつくるという企画だが、実際に企画を実施してみないとわからない大きなポイントとして、「１回の撮影でお手製バットがつくれるのか？」という素朴にして根本的な不安がある。

　そのため、次の２パターンを想定しておく。

---

❶ １回の撮影でお手製バットが完成した場合
➡完成直後、実際に試し打ちをするためにグラウンドへ

❷ １回の撮影でお手製バットが完成しなかった場合
➡作業場を押さえて、後日バット製作に密着。キャンプのシーンは「材料調達編」として、コンテンツのくくりを分ける

慣れない環境での撮影になるため、「撮影中に何かしら、撮れ高のよさそうなハプニングが起きたらどうするか？」といったことも想定する。

　その場合は、次のようなことが準備できるだろう。

> ❶ **テントが強風で崩れてしまうアクシデントが発生する？**
> ➡定点のカメラを1台セッティングしておく
>
> ❷ **試し打ちでバットが折れてしまうアクシデントがある？**
> ➡バットづくりが大変だったことを回想し、哀愁を漂わせつつ少し笑える演出で、普段使っているバットの耐久性にあらためて脱帽するトークをしてもらう

　もちろん、このほかにも撮影当日に、何か別のアクシデントがあるかもしれない。

　予定外のことが起きてしまうのは、よくないことだと思う人もいるかもしれないが、人命に関わることでなければ、アクシデントはチャンスといえる。

　なぜそうなってしまったのか、などを細かに説明することで、小さなドキュメンタリーになるのだ。

　そして、そういった予定外のことが起きたときこそ、僕たちYouTube作家の腕が試されるとも思っている。

　少々極端に言うと、「**ハプニングはウェルカム**」なのだ。

YouTubeでは、台本通りにならなかったらボツということはない。
　僕たちがこれだけ企画や構成に向き合って考えていたにもかかわらず、それでも予想だにしないことが起こったなら、それは視聴者にとっても意外性抜群なはずだ。

　もちろん、「目的に沿わないのでカットする」と判断することもある。
　そんなときは次々項でお伝えする「サブチャンネル」で公開するなど、使い道はあるのだ。

「生身の人間」の存在を感じてもらう

　YouTubeのコンテンツでは**「人の存在を感じさせること」**が、再生回数が伸びる要因になりやすい。これもYouTube以外のコンテンツにも共通することではないだろうか。
　ここでいう「人」とは、画面に登場する演者だけではなく、チャンネルの運営者・撮影スタッフも含まれる。

　人の存在を感じさせるのは、視聴者に「自分と同じ生身の人間がつくっている」ということを、さまざまなやり方で共有するためだ。

そもそもの前提として、僕たちがつくっているのは、ドラマや映画といった作品ではない。
　そういった作品には、台本のキャラクターを演じる俳優や、大規模な撮影スタッフ、機材といった要素がある。そうして生み出される「**フィクションの世界**」を専門としているプロには、もちろん敵(かな)わない。

　だからこそ、僕たちは「**ノンフィクションの生身の人間**」を感じさせることで差別化する。それが、期待されていることなのだ。
　日常的な会話、最近感じたこと、失敗をやらかす……そういった生活の延長線上にいるような存在だと伝えるとウケやすい。
　こうした部分を出すことが、親近感と共感、応援につながり、つながりを深めたファン化の源泉となる。

「サブチャンネル」で人を感じさせる

　YouTubeにおいては、人の存在を感じさせる役割として「**サブチャンネル**」を運営することも多い。サブチャンネルとは、その名の通り、メインではないチャンネルのことだ。
　メインチャンネルで、チャンネルの方向性や企画に沿った動画を投稿。サブチャンネルでは、普段の生活を見せたり、トークを多めにしたりして「人」をアピールする。

そのように住み分けをしているケースが多い。

「東海オンエア」さんが代表的な例だ。

たとえば、メンバーがいま、トマトジュースにハマっているとしても、メインチャンネルでは、そういった話はあまり出さない。

サブチャンネルの「東海オンエアの控え室」で、ただ雑談をしたり、ご飯を食べたりするメンバーたちの様子を流して、等身大の「人」の部分を見せているのだ。

このサブチャンネルで親近感を抱き、出演しているメンバーを身近に感じるようになることで、**「東海オンエアの企画が面白いから見ている人」**は、**「東海オンエアの企画も"演者"も好きな人」へファンの度合いが深まっていく。**

そうやって、より強い「つながり」がつくられるのだ。

🐻 サブチャンネルは「ラジオ」のようなもの

既存のメディアで考えれば、サブチャンネルは「ラジオ」のようなものだと思う。

メインチャンネルを「テレビのバラエティ番組」と捉えるなら、演者の価値観や根っこの部分をじっくりと伝えるメディアとして「ラジオ」がある。

ラジオリスナーの分母は、テレビに比べるとかなり少ないものの、ラジオパーソナリティとリスナーのつながりはけっこう強い。
　テレビだと、たとえメインMCとして1時間番組に出たとしても、ほかの出演者もいるので、視聴者とのつながりは、それほど強いとは感じにくい。

　一方、ラジオは1〜2時間ほどの枠で、パーソナリティ1人かアシスタントがいるくらいなので、マン・ツー・マンでその人の語りを聞いているかのような臨場感さえある場合が多い。
　つまり、==「人」をじっくりと堪能できるのだ。==ただしゃべっているだけだから、退屈だと思う人もいるかもしれない。でも、それでいいのだ。というか、それがいいのだ。

　自分の趣味や日常で感じたことなどをラジオで話すことで、表舞台ともいえる地上波のテレビでは見ることのない姿が浮き彫りになる。
　プライベートではないが、「オフ」の状態を映し出すのが、ラジオやサブチャンネルの強みなのだ。

POINT

ドラマのように演じるのではなく等身大の「人」を感じさせる

人の存在をじっくりと堪能することで「つながり」をつくる

COLUMN 5

2人はもともと友人だったそうですが、法人化して活動を続けるうえでケンカやすれ違いはありませんか?

たけち

まったくないですね。株式を完全に半分ずつで会社をつくると決めたとき、まわりの先輩や大人に大反対されたんです。

「いつか絶対に揉めるよ」って。

そう言われて、逆に反骨精神に火がついちゃって、絶対に揉めないようにしようと思ったんです。

資本主義のレースに引っ張られすぎて、友情関係をないがしろにするようになったら、僕の考える「本質的な人間像」とはかけ離れたものになってしまいます。

バカみたいな目標ですが、「利益に目がくらまないように、仲よく、楽しく、学生のノリで仕事する」。

これを20歳のときに掲げて、10年近くたったいまでもそれを愚直に実行しています。

すのはら

たけちさんとは"個人事業主のコンビ"のような時代か

ら、お金は1円単位で割り勘ですし、付き合いが長くなったいまでも、お互いにずっと"謎の敬語"。ケンカすることもないです。

　なんとなく、これからもしないんじゃないかなと思います。

　友人と仕事すると揉めるとか、起業すると友人がいなくなるとか、よくいわれる価値観が理解できなかったので、友人は友人のまま。

　一緒に仕事をしても、成立させてやると思って過ごしていますね。

PART
6

企画を「フィードバック」して言語化する

「続けること」が個性になる

すのはら　ここからは「**運用**」について説明していきましょう。YouTubeチャンネルに限らず、メディアやSNSなどは1回バズらせて終わりではなく、**継続すること**も考えていかなくちゃいけませんからね。

たけち　そうですね。1つの企画がポンッと伸びるのはいいことではありますが、それだけだとYouTubeの場合、チャンネル登録までには至らないことが多いです。継続的に視聴してもらってチャンネルを成長させていくためには、「運用」によって**方向性を調整**していく必要があります。

　とはいえ、まだ5本くらいしか動画を出していないのに、「なんで伸びないんだ?」と思ってしまうのもズレています。なぜなら、ある程度の量が出て初めて、「**傾向**」をつかめるようになるからです。

　いまってデジタルでいろんな人が創作できるようになったので、アイデアは、いろんなジャンルからたくさん出ている印象です。でも、意外とそれを「**継続**」する人が少ない。だからこそ、継続するだけで個性になるとも思ってます。

🐻 本当にそうですね。特殊な例ではありますが、「Benjamin Bennett」(@Benjaminnettt)というアメリカ人のチャンネルは、4時間ただ座ってほほ笑み続ける動画をひたすらアップしてますからね。
2019年から投稿を開始して、本数300本以上。すべて4時間無言でニコニコするだけの動画です。その**異色さ**からメディアにも取り上げられて、登録者39万人以上。800万回再生されているニコニコ動画もあります。

🐻 YouTubeで成功するのに必要なことはなんですか？とよく聞かれます。この質問には**「継続できること」**と答えていますね。
トライ・アンド・エラーの回数と完成度を高い水準で保てば、いつか絶対に伸びると言い切ってもいいと思ってます。

🐻 よくスポーツなどで「量より質」という言葉が使われますが、それって実際は、けっこう難しいことだと思うんです。だって、最初は何が「質」なのかわからなくないですか？だから、ある程度「量」をやってこそ「質」が考えられると思うんですよね。

🐻 **YouTubeは「量＝質」**みたいな側面があります。
見当違いな「量」は意味ないですが、仮説をもった「量」であれば、仮に伸びなくても次の「質」につながります。

企画を「フィードバック」して言語化する

🐻 とにかく「なぜ?」を言語化する

どのように、企画の質を磨いていくのか？
大切なのは、「なぜウケたのか」「なぜウケなかったのか」を必ず言語化することだ。
頭のなかで「これはこういう要因かな？」「こうだから伸びているんだろう」と分析したり、推測したりしたものを、言葉でしっかりと残しておくことが大事なのだ。

というのも多くの場合、コンテンツを出した時点で満足してしまうからだ。
実際にどう見られたか、もともと企画・構成段階で想定していた目的は果たされたのかを確認する作業を怠ってはならない。
その結果をどう解釈するかで、今後の企画のクオリティや方向性は変わってしまう。

だからといって、詳細なレポートや高度な分析をする必要はない。
もちろん細かい分析をするのは、とてもいいことではある。しかし、それを継続して「運用」することを考えると、簡易なもので始めたほうがスムーズだろう。

手書きのノートでも、スマホのメモ帳でも構わない。

「人気YouTuberとコラボしているから」
「家庭でつくれなそうなレシピを再現しているから」
——のように、**1行だけでもいいから、とにかく言語化して書き出すことから始めてみるのがオススメだ。**

これを続けることで、コンテンツの個性や、ユーザーが求めているものの傾向がだんだん見えてくる。

僕たちも最初の頃は、分析しながら、とにかく言語化をしまくっていた時期があった。数を決めず、時間が許す限り、ひたすら「なぜ」を書き出していたのだ。

これを続けていると、YouTubeの動画だけでなく、プライベートでNetflixを見ているときや映画を見ているときでさえ、自然と「ここが流行っているポイントなんじゃないか」「このオリジナリティが人気の理由なのでは？」と思考が駆け巡るようになる。

分析の精度が上がることによって、次の企画、つまりアウトプットの質も高まるのだ。

🐻 言語化した分析結果を次の企画に落とし込む

企画して、構成をつくって、コンテンツを出して、運用していく。

その際、言語化した分析結果を別の企画に落とし込む必要が

ある。それを実際に行っている例として、カップル系YouTuber「ヴァンゆん」（現在は解散）の動画を紹介しよう。

それは「はじめての同棲、二人のモーニングルーティン。」という動画だ。

実はこの企画は、伸びやすい要素の組み合わせなのだ。

当時、カップル系YouTuberが流行っていた時期でもあり、「同棲」や「モーニングルーティン」という要素がトレンドになっていた。

結果、この動画は、768万回再生されており、「高く評価」も10万以上ついている。

ほかにも、「絶対にやめてください」「8割の人は間違っている」などのように、警告したり注意を促したりするようなタイトルが伸びやすい傾向を見つけたこともあった。

この場合は、次に出す動画も「絶対にやらないでください」「ほとんどの人は勘違いしています」といった似たタイトルをつけてみるのだ。

また、こうして見つけた仮説を、別のジャンルに取り込んでみることも効果的だ。

🐻 ユーザーのコメントはフィードバックの宝庫

　企画が実際に形になったときに得られる、ユーザーからのコメントは貴重な情報源だ。

　僕たちは、視聴者が書き込んだコメントに、すべて目を通すようにしている。

　また、自分が企画した動画だけでなく、ほかの人が企画した動画のコメントをチェックすることも非常に効果的だ。

　しかし、注意したい点もある。そもそもコメントが少ないチャンネルの場合、1つのコメントに影響されすぎないことだ。

　なぜなら、そのコメントを書いた視聴者が、"その他大勢の意見"とズレている可能性もあるからだ。

　僕たちがコメントをチェックする際、意識していることは、次の2つ。

> ❶ どんな内容（ポジティブ／ネガティブ）か
> ❷ 自分が想定していた「視聴者が抱く感情」との差異

🐻 どんな内容（ポジティブ／ネガティブ）か

ポジティブなコメントに書かれている内容は、次の企画に取り入れるといい。

しかし、**ネガティブなコメントも、参考になることが多い。**反面教師として、次の企画ではやらないようにする、もしくはネガティブな部分を改善する。

🐻 自分が想定していた「視聴者が抱く感情」との差異

自分がネガティブに感じていた点が、あまり言及されていない、またはポジティブに思っていたのに、コメントが少ない場合、自分の感覚が多くのユーザーとズレていると考える。

もし、自分が企画・制作したコンテンツのコメントをチェックするのであれば、企画当初に自分が想定していた視聴者へ与える印象が、その通り伝わっているかをチェックするといいだろう。

見るべきポイントを明確にしておくと、次の企画にうまく活用しやすくなる。

POINT

- まずは継続することが大前提
- 継続するだけでも個性になる
- 企画のフィードバックを必ず言語化

COLUMN 6

企画者には、どんなことが求められますか?

たけち

「**熱量を高く維持し続けられる能力**」ですかね。

何をやるにしても大事な能力だと思いますが、企画を成功させるためには特に大事なことです。

細かいノウハウや企画の考え方などは、やってるうちに身についてきます。YouTubeチャンネルを開設しても、すぐに伸びることはまれで、やはり日々の積み重ねで結果が出始めます。

しかし、結果が出る前に、モチベーションや集中力を切らしてチャンネルを閉じていく人やチームをたくさん見てきました。

「**何があっても動画100本は投稿する!**」**ぐらいに腹をくくって始めたほうがいいと思っています。**

何よりモチベーションを切らさないセルフマネジメントが大切です。

0を1にすることに成功してチャンネルが伸び始めたら、今度はメンタル管理が大事になってきます。

チャンネルが軌道に乗り始めると、再生回数・高評価・

コメントなど、会ったこともない不特定多数の視聴者から評価を受けることになるからです。

そうしたインスタントな他者からの評価に一喜一憂するのは、メンタルヘルス的には非常によくないことです。

会ったこともない人のコメントでの批判を、自分の人格否定に感じてしまうこともありますが、そうすると神経をすり減らしてしまいます。

そうやって何人ものインフルエンサーが、精神的に疲弊していくのを見てきました。

自分で立てた目標に対して、自分がどうコミットしたのかという「自分軸」で考える姿勢がブレないようにしつつ、他人軸に一喜一憂しないメンタルを意識することが大事ですね。

すのはら

とにかく「継続する力」が大切なんです。思いつくこと、学んだことをすべてアウトプットして、根気よく続ける。

それができれば何事も、ソコソコ成功すると思うのですが、企画もまったく同じです。

PART

7

ウケる企画の「方程式」の見つけ方

データから
ウケる企画の「方程式」を導く

すのはら

運用で得られた**データをどう使うか**、という話ですね。データっていうと、ちょっと堅苦しいイメージがありますが、そんなことはないです。だって、僕たちスーパー文系の2人ですし。ちなみに僕は、中学の数学も危ういです……。

たけち

僕も数学は苦手でしたね。でも、僕らの運用のデータ分析でいうと、統計とか関数を組むという能力よりも、数字の傾向から「**仮説**」を立てることがメインだと思います。

まさにそうです。言語化したものと数字の傾向を見て、ウケる企画の「**方程式**」を探す作業って感じですよね。

最近のケースでいうと、「**長尺で見やすい動画が伸びやすい**」なんてこともそう。YouTubeがスマホやパソコンだけでなくテレビの視聴者獲得を狙っている傾向があるので、テレビで視聴維持率を獲得できる動画のインプレッションが優遇されているんだと思います。

いまだとテレビや大きなモニターなどでYouTubeを見る人もいますからね。視聴者に評価されるという視点と、YouTubeの運営をしている**Googleが何を考えているのか**という視点も持っておくといいですよね。

自分も最近1つ見つけたんですけど、**過去のサムネイルを変更**すると、インプレッションが増えることがある。
これは検証中なので、もうちょっとたったら、より具体的な方程式が導けているはずです。

🐻 方程式をどう見つける？

YouTubeというプラットフォームは、動画をアップした瞬間から、何人が何分閲覧したかなどの細かいデータを提供してくれる。このデータをもとに調整を繰り返して、伸びる動画を出すための「判断力」を高めていく必要がある。

たとえば「視聴者維持率」という数字がある。それぞれの動画がスタートしてから、30秒までどのくらいの人が視聴を続けたか、どの瞬間の視聴や共有が多かったか（トップモーメント）、どの部分が繰り返し視聴されているか（山）、どの部分で視聴をやめたりスキップしたりしたか（谷）などが、グラフで示される。

このグラフをもとに動画を分析すると、たとえば、何かハプニングが起きたり、演者が爆笑していたりする場面は、山になり、同じBGMが続いたり、変化のない単調なトークが続く場面では、再生が止まって谷になることが多い。

もちろん、ジャンルによって異なるが、**共通する法則の1つが、演者の感情が表れている場面は山になりやすいということだ。**

大げさと思えるほど、演者の感情が出ていたり、演者がカメラに向かって、感情たっぷりに語りかけていたりするほど山になる。

演者の感情が表れている場面は山になりやすい

　それがわかれば、数十秒に一度は、大げさなくらい感情を表現してもらおうとか、効果音を入れようとか、数字をもとに調整していくことができる。
　ほかにも、視聴者コメントでの賛否や、高評価と低評価の割合なども貴重なデータになる。

　これはYouTubeに限ったことではない。
　どんな企業でも、自社サイトがあるはずだ。自社のサイトであれば、どのようなキーワードで検索したか、どんなページのリンクから、いつ・何人が訪問してくれたかといった詳しい数

字を知ることができるはずだ。
　また、どんな記事が読まれていて、人気があるのかもわかるだろう。

　端的にいえば、こうした数字の裏側にある「方程式」を運用しながら導き出す。そして、その方程式をもとに、次の企画を立てる。これを繰り返すのだ。
　地道な作業に見えるが、これがいちばんの近道だと僕たちは感じている。

　ほかの人がまだ見つけていない「方程式」を見つけたときは、シンプルにとても楽しい。そして、その方程式が見事に当たったときは、脳汁が出る。
　さらに、動画がバズった場合、その日のうちにネットニュースになるなど、素早いスピードで大きな反応を得られるのが、数字を活用した運用の醍醐味なのだ。

方程式を見つけるトレーニング

　ここで、僕たちの会社に入社した新人が、YouTubeで「ウケる企画の方程式」を見つけるためのトレーニング法を公開する。

　まずは**「登録者数が3万人以下」のチャンネルで「10万回**

==以上再生されている」動画をピックアップ==してもらう。

　このとき、ジャンルは問わない。そして、なぜその動画が10万回以上再生されているのか、分析して自分の考えを書き出す。

　登録者数が3万人以下ということは、**==固定のファンがさほどいない状態==**だ。そんなチャンネルで（登録者数を上回る）10万回以上の再生回数の動画があれば、それは「チャンネルのファンだから」という理由ではない、ほかの要因で伸びている可能性が高い。
　つまり、==「企画」がウケている==のだ。

　そうやって、本当に企画力で伸びている動画だけを分析し、「企画の方程式」を自分なりに導く練習をしてもらっている。
　これはあくまで一例ではあるが、他ジャンルのリサーチ兼インプットにもなるので、ぜひやってみてほしい。
　==なにより、この条件のコンテンツだと必然的に面白いものが多いのも、オススメできる点だ。==

🐻「再生回数至上主義」の落とし穴

　ここであえてお伝えしたいのが、方程式を探す際に指標とする「再生回数」は、あくまでも1つの目安に過ぎないというこ

ウケる企画の「方程式」を見つけるトレーニング

STEP 1
伸びているコンテンツをピックアップ

「登録者数が3万人以下」
「10万回以上再生」
▶ジャンルは問わず

STEP 2
STEP1でピックアップしたコンテンツが「なぜウケているか」を分析

▶自分なりの考えでOK

STEP 3
STEP2の分析結果から「方程式」を導いてみる

▶他ジャンルのリサーチ＆
インプットにもつながる

とだ。

「言っていることが矛盾しているのでは？」と思ったかもしれない。

そこで、大手メーカーの企業チャンネルをベースに、より詳しく説明することにしよう。

企業チャンネルには100万回以上再生されている動画がいくつもあり、なかには１億回を超える再生回数のものもある。

チャンネル登録者数が30万人ほどにもかかわらず、再生回数が100万、200万、なかには１億を超えているからといって、それらの動画を見つけて「これが伸びる企画なんだな」と判断するのは早計なのだ。

もうお気づきの人がいるかもしれないが、この企業チャンネルは、実は制作した動画にお金をかけて「広告」として回している。

YouTubeでは、有料プランでない限り、動画を再生すると自動的に広告が現れるので、広告の再生回数も動画再生回数としてカウントされるのだ。

そのため、やみくもに再生回数至上主義になってしまうと、"間違った伸びた理由"を探してしまうことになりかねない。

再生回数だけでなく、ほかの側面からも分析する必要がある。

では、どうすればよいのか？

　たとえば、チャンネル登録者数が10万人で、各動画に「いいね（高く評価）」が平均2万件以上ついて、再生回数が平均8万回程度だったとする。
　「いいね」や再生回数だけ見れば、そこそこ伸びていると思われるが、チャンネル登録者数が10万人であることを考えると、**「かなりリピーターが多い＝コアファンがついている」**という仮説が立つ。

　逆に登録者数が100万人で、各動画に「いいね」が平均2万件以上ついていて、再生回数が平均8万回程度だったとする。
　先ほどと違うのは、チャンネル登録者数だけだ。
　この場合、チャンネル登録者の大半がコンテンツを見ていないことになり、**「ファンが離脱している可能性が高い」**という仮説が立つ。

　このように、より多面的に考えることで、数字が表す状況をより的確に判断できるようになる。
　これはフェイクニュースや誇大広告など、今後のインターネットリテラシーにも関わる部分なので、頭に入れておくと役立つだろう。

> **「再生回数至上主義」の落とし穴にハマらないポイント**
>
> チャンネル登録者数：**10万人**
> 再生回数：平均**8万回**程度
> いいね：平均**2万件**以上
>
> 見方 ▶ **かなりリピーターが多い?**
>
> チャンネル登録者数：**100万人**
> 再生回数：平均**8万回**程度
> いいね：平均**2万件**以上
>
> 見方 ▶ **ファンが離脱している?**

「安定テーマ7割：変化テーマ3割」の法則

 ご存じの方も多いと思うが、一時期はうまくいっていたが話題性が薄れ、魅力がなくなって飽きられてしまったコンテンツを「オワコン」という。「終わったコンテンツ」を略したインターネットスラングだ。

 オワコンにならないためには、大切なポイントがある。それは、**"企画の軸"がブレないようにする**ことだ。

 料理系のチャンネルなら、基本は料理をつくり続ける。美容

系であれば、美容に関する内容を扱う。
「そんなこと当たり前じゃないか？」と思うかもしれない。
　でも、実際のところ、それがブレることが少なくないのだ。

　YouTube動画は、「撮って出し」が可能だ。つまり、やろうと思えば、スマホですぐに撮影し、撮った状態のまま、すぐに配信することができる。
　再生回数を稼ぐため、流行っていそうな動画を次々と配信し、軸がブレてしまう人があとを絶たないのだ。
　基本となるコンセプトの軸がブレないよう、流行りの要素などは、自分なりに落とし込んで活用していかなくてはならない。
　いずれにしても、基本的な立ち位置を忘れないことが肝心だ。

　ただし、トップYouTuber・HIKAKINさんのように「人物」に多くのファンがついており、その人がやることなら、ファンはなんでも受け入れるという境地にまで至れば、「マルチジャンル」として、いろいろなことが企画できるようになる。
　しかし、これはトップ中のトップの場合なので、例外だと思ったほうがいいだろう。

　また、軸がブレないようにとはいっても、それに固執して毎度同じオープニング、同じ展開では、本末転倒。すぐに飽きられてしまう。

コンセプトはブレないようにしながらも、少しずつ変化することがポイントだ。
　内容はもちろんのこと、プラットフォームの変化や、世の中の移り変わりにも対応していくべきだろう。

　僕たちが運営しているチャンネルに「ひみつ基地。」（@Himitsu-Kichi：チャンネル登録者数 158万人）というのがある。
　20代の男性2人が購入した古民家での日常生活を発信し、DIYや料理を中心とした企画を投稿している。
　古民家に住む若者の生活を伝えるチャンネルだから、当たり前だが「古民家から引っ越さない」ことが大前提となる。

　そして、「ひみつ基地。」と銘打つからには、普通に毎日ご飯を食べているだけでは、秘密でもなんでもなく、当たり前すぎて飽きられてしまう。
　古民家を改装するなりしてアップデートし続け、食事も毎回テーマを設ける。ときにはゲストを呼んだり、釣りに出かけたりもしている。

　視聴者が期待する要素の7割はそのままに、残りの3割で変化を続けていくのが、支持し続けてもらえるポイントとなる。
　チャンネルをいい状態でキープしながら、常に変化を続けて

いく。もし伸び悩み始め、コンセプトを変えたくなったとしても、少しずつ進めていくことが大切だ。

🐻 「Chat(チャット)GPT」をコンテンツ分析で活用する方法

コンテンツを分析するとき、「ChatGPT」に手助けしてもらうことがある。

ご存じの方も多いと思うが、ChatGPTとはテキスト生成の対話型AI（人工知能）で、ネット上にある情報を学習し、質問に答えるだけでなく、文章の作成や要約などにも役立つ。

YouTube動画を分析するとき、その動画の音声データをAIによるサービスなどで文字起こしする。

たとえば、LINEが提供する「CLOVA Note β（クローバノートベータ）」は無料だが、1回180分まで、月間最長600分までの音声データを文字起こしできる。

その文字データをChatGPTにコピー&ペーストして、どんな要素があるのか要約してもらうという使い方だ。

「そんな高度なことできるの？」と思うかもしれないが、これが意外と侮れないのだ。

ChatGPTの登場前は、大まかな動画の内容を自分で手入力

無料で利用できるサービスもある

サービス名	料金	制限	話者の区別
オートメモ文字起こし お試しプラン (ソースネクスト) https://automemo.com/file/	無料 キャンペーン中 (期間未定)	月 1時間 まで	◯
CLOVA Noteβ (LINE) https://clovanote.line.me/	無料	月 600分 まで	◯
Nottaプレミアムプラン (Notta) https://www.notta.ai/	月2200円 12カ月分一括払い 15800円	月 1800分 まで	◯

して文字起こしをし、そこから仮説となりそうな要素を抜き出していた。

　ところが、その作業をChatGPTでほぼ自動化できるようになり、手作業がほとんどないので、時間的にも労力的にも助かっている。

　また、動画の構成を振り返るため、その目次をChatGPTにつくってもらったり、似たような動画がないかを調べてもらったり、サムネやタイトルについて、「こういう内容の動画だけど、ほかにどんなものが考えられる？」と尋ねてみたりもする。

ただし、ChatGPTは「よし悪し」の判断をするわけではない。インターネット上にある情報をベースに、大量の選択肢を用意してくれるだけだ。

そのため、現状では最終的な判断をするのは、やはり人間（自分）になる。あくまでもChatGPTは"優秀なアシスタント"と位置づけて、補助的に活用するのがオススメだ。

無料版より有料版のほうが、明らかに精度が高いので、有料版を使うこともオススメしたい。

運用の参考になる「YouTubeチャンネル5選」

ここで企画の運用で参考になるYouTubeチャンネルを5つ紹介したい。

いずれも、かなりの実力派だが、それぞれ違った個性で、各ジャンルに風穴を開けたものばかりだ。

ぜひ一度見て、参考にしてほしい。

1 料理系YouTubeチャンネル 「料理研究家リュウジのバズレシピ」

(@ryuji825：チャンネル登録者数501万人超)

　以前の料理系YouTubeチャンネルは、料理家としての技術やアイデアを競うような"凝った料理"のつくり方を紹介するのが主流だった。

　また、食器や盛りつけもオシャレで、見た目を重視するものが多かったように思う。

　ところが「料理研究家リュウジのバズレシピ」は、どの家庭にもあるような手に入りやすい素朴な食材ばかりを扱う。

　背景には酒のボトルが雑然と並び、あえてオシャレではない、視聴者の共感を得やすいキッチンになっている。

　市販のカレールーやインスタントラーメン、冷凍食品なども使い、料理が不得意な人でも手軽にチャレンジできるレシピを紹介している。

　また、これまで料理研究家の界隈で使用するのがタブー視されていたうま味調味料「味の素」を使ったレシピをどんどん紹介しているのも特徴だ。

　チャンネル登録者が501万人を超え、大きな影響力を得たい

までは「リュウジの本気(マジ)スパイス」「リュウジの本気(マジ)カレー」など、通販商品を開発・販売している。

このように"料理好き"だけが見るのではなく、<mark>「料理が不得意な人と近しい環境で、どんな試行錯誤ができるのか」</mark>に特化しているのが、大きな差別化の要因になっている。

2 ビジネス系YouTubeチャンネル「マコなり社長」
（@makonari_shacho：チャンネル登録者数108万人超）

2018年にスタートしたチャンネル「マコなり社長」は、現役の社長が運営している。

起業した経験をもとに「もっと活躍したい」と考えるビジネスマンや学生に、ビジネスの思考法やハウツーなどを配信している。

チャンネル開設当時、YouTubeでは視聴者層が広がりつつあったのに、ビジネスパーソン向けのチャンネルが少なかったこともあり、「マコなり社長」は着実に登録者数を伸ばしてきた。

もともとはエンタメの要素が強かったYouTubeが、情報収集ツールとしての側面を持ち出したタイミングをうまく捉えたように思う。

最近はビジネス関連の動画だけでなく、「渋谷に10年住んだ社長が人生かけて推す渋谷グルメTOP10」「誰でもできる！快適でオシャレな自宅を作るテクニック10選」「日本のガチで行ってよかった場所10選」といった、グルメ・インテリア・旅行などの企画も多い。

目まぐるしく変わるトレンドを取り入れながら、既存のビジネス系のファンも楽しませて成功している。

　これは、トレンドやユーザーの声を敏感に察知しているチャンネルの代表格ともいえ、「コンビニ」に近い感覚のように思える。

　ATM設置はもちろん宅配便の受け取りや発送、ひきたてコーヒーなど、その時々に必要とされるサービスを導入している。

　YouTubeチャンネルだけでなく、企業という大きな枠組みでも、運用していくうえで「他業界のトレンドを取り入れられないか」を考えてみると、そこにブレイクスルーを見つけられるかもしれない。

③ 経済系YouTubeチャンネル「ReHacQ―リハック―【公式】」
(@rehacq：チャンネル登録者数101万人超)

　世の中にないコンテンツだけど需要があるもの――それを実

現しているのが、「ReHacQ―リハック―【公式】」だ。

　このチャンネルは、「本格的な経済を楽しく学ぶ！」「社会や人生を、もう一度違う角度から見つめ直してみる！」といったことをテーマにしている。

　テレビや新聞など、大手スポンサーがつくコンテンツでは、関係者に配慮して、表に出せない意見や考えが少なくない。
　そのようなしがらみを断ち切って、無難にまとめられたものではなく、「深く切り込んだ内容が知りたい」という要望に応えているのが、このチャンネルだ。

　チャンネルを運営する高橋弘樹さんは、テレビ東京のプロデューサーだったが、2023年2月末に退社。安定的な収入がなくなったとして、自身の経済状況も公開している。
　演者として人間味を表現しながら、多くの人に関心を持ってもらい、「そこまでしてでも、やりたかったこと」に対する情熱に共感する人を増やしている。

4 コスメ系YouTubeチャンネル「水越みさと」
(@mizukoshimisato：チャンネル登録者数87.5万人超)

　一般的なコスメ紹介系YouTuberは、化粧品を紹介したり、

メイクのバリエーションを紹介したりする。

そのうえで、個人的な話をして「自分自身」を知って親しみを感じてもらい、ファンになってもらうというブランディングが多かった。

ところが、**「水越みさと」では、とにかく「情報量」で勝負している。**

ほかのYouTuberが、ブランドコスメの新作商品1つについてレビューしているとしたら、「水越みさと」では、発売された全種類をレビューするのだ。

また、化粧下地やリキッドファンデーションなど、アイテムごとに15種とか30種とか、市場で人気があるものを数多く集めて「あれってどうなの?」「使い心地を知りたい」という視聴者の要望に、圧倒的な情報量で応えてくれる。

このチャンネルの軸は、「**相対的評価を得られる**」ことだと思う。

数多くの化粧品を買いそろえ、それぞれを比較するということは、一個人ではなかなかできない。

だからこそ、「本当はやりたいけどできないこと」を、このチャンネルがワンストップで提供することに大きな価値がある。

5 マルチジャンル系YouTubeチャンネル「HikakinTV」
(@HikakinTV：チャンネル登録者数1890万人超)

　YouTuberのパイオニアともいえる「HIKAKIN」の名前は、世界的ハードロックバンド・エアロスミスとステージ上でコラボするなど、もう何年も前から日本だけでなく海外でも広く知られる存在になっている。

　「HikakinTV」は、ただ楽しみながら演じているように見えて、緻密に考えてつくられている。

　HIKAKINさんは、本書で紹介する要素を、以前からすべて取り入れているといっても過言ではない。

　また、いち早くYouTubeというプラットフォームの特性を理解し、流行りを自分なりに昇華して導入するスピードはピカイチなのだ。

　HIKAKINさんは、もともと「ヒューマン・ビートボックス」という、人間の発音器官を使ったボイスパーカッションなどで、さまざまな音色を表現して、楽曲を演奏する動画を投稿していた。

　そして、当時から国内だけでなく、海外にも多くのファンがいた。

そのうえで、コンビニの新商品を紹介する動画などを少しずつ取り入れていき、その後、時間が長めの動画が好まれるようになると、1～2時間の長尺動画をつくるなど、既存ファンに配慮しつつ、流行りの要素を絶妙に取り入れている。

このように、世の中の流れとファンの要望、プラットフォームの特性を理解するなど、運用の基本をとにかく1つずつ丁寧に実践しているのだ。

　これは企業でも同じではないだろうか。500年ほど続く老舗和菓子店「虎屋」などは、伝統の味を守りつつも、時代に合わせて材料の配合を変えたり、流行りの要素を取り入れたりと、実は変化し続けている。
　社会の価値基準や風潮など、「王道」であるからこそ、多角的な視点をもって、少しずつ調整するのがポイントになってくる。

　HIKAKINさんとお仕事をご一緒させていただいているが、これだけ大物になったいまでも、誰に対しても礼儀正しく低姿勢で、その軸がブレないところは、身近に接している僕たちの、かなりの尊敬の対象であることを余談ながら付記しておきたい。

POINT

- 固定ファンは少ないがウケている企画をチェック
- 再生回数の多さだけで判断しない
- 企画の軸がブレないように
- 7割は安定させて、3割を変化させる

COLUMN7

企画者としていちばん楽しい瞬間は?

たけち

　もともと企画として「遊び方」を考えるのが好きだったので、それをいろいろなチャンネルで数多く実現した瞬間がいちばん楽しいですね。

　YouTube作家として走り出した当初は、面白いと思ったことを企画に落とし込んで、すぐに動画という形にして、その結果が数字で返ってくるというスピード感も魅力だったのですが、いまは1つの動画をじっくりとつくり込むことにも楽しさを感じています。

　たくさんバッターボックスに立って、たくさんバットを振って、ときにホームランが出るのもうれしいのですが、一球入魂でホームランを狙って企画を考えたほうが、当たったときに気持ちいいですね。

すのはら

　自分のアイデアを世に出して、それを多くの視聴者に見てもらい、数字として高評価が返ってきた瞬間は、何物にも代えがたい達成感と喜びがあります。

　それを積み重ねていった結果、誰かの人生が変わってい

く瞬間も、特別な感情が湧きますね。あとは単純に面白い動画を撮影している瞬間は楽しいです。

PART
8

「炎上」の回避と対処法

「炎上」したら謝罪するべきか

すのはら

「**炎上**」というのは、なかなかハードなテーマですね。
基本的には、倫理的にも法律的にも問題がない「炎上」では、謝らなくていいんじゃないかと思っています。
非がないのに謝ったら、非があることになっちゃいますし。

たけち

本当にそうだと思います。極端な例ですが、演者がめちゃくちゃ太ってしまって、その姿を視聴するのが不快だから「**どうにかしろ**」というコメントが殺到しても、それは謝罪しなくていいですよね。
ファンは減るかもしれないですけれど。

す

すべての層がポジティブに思う企画をつくるのは、**不可能に近い**ですよ。

🐻 ノーベル平和賞を受賞したマザー・テレサは、「愛の反対は憎しみではなく、無関心である」と言いましたが、当たり障りなく、**誰も何も意見しないコンテンツ**というのは、そもそも企画として成り立ってないですしね。
かわいい赤ちゃんの日常動画とかでも、「なんかブヨブヨしてて怖いです」ってコメントしてる人もいますから。

🐻 独特の感性の人はいますからね。
一部の意見を気にしすぎるあまり、
多くのファンが求めていないものに
なってしまっては、**本末転倒**です。

🐻 仮に炎上したとしても、「倫理的・法律的に問題がないのであれば、気にしない」など、**明確な基準**を持っておくと、対応に一貫性が出ると思います。

🐻 炎上したときの個人と企業の対処法

　仮にあなたが運営しているチャンネルの動画やSNSのコメントが炎上したとしよう。
　そのときにまず考えたいのが、**「それは謝罪すべきことなのか？」という根本的な問題だ。**

　具体例として、男性5人組YouTuberのチャンネル「コムドット」（@comdot：チャンネル登録者384万人）をベースに考えてみよう。
　彼らは「緊急事態宣言下の会食」「コンビニでの騒音問題」といったことで、何度か炎上している。
　その際、謝罪動画を公開した。

　一方、メンバーがフランスの高級ブランド・シャネルの広告に起用されたとき、「イメージに合わない」といった批判が殺到したことがあった。
　ほかにもリーダーの「やまと」が上智大学を中退したときも、「わざわざ発表すること？」「指定校推薦で入ったのに、後輩のことを考えていない」などの批判が殺到した。
　この際は、謝罪動画を公開することはなかった。

　なぜなら、高級ブランドの広告に採用されたことは、どう考

えてもメンバーに非はないし、「やまと」が大学を中退したのも、本人の人生の選択なのだから、まわりにとやかく言われる筋合いはないからだ。

彼らは一貫して、自分たちのスタンスを明確にして、毅然と対応している。

企業のケースでは、スープ専門店「Soup Stock TOKYO（スープストックトーキョー）」が「離乳食を全店無料提供する」と発表して炎上したことがあった。
「無料の商品を求めるだけの人が殺到しそう」「狭い店内にベビーカーで特攻する親が増えるよね」といった批判的なコメントが相次いだのだ。

この騒動を受けてスープストックトーキョーは、1週間ほどたってから声明文を発表したが、その内容に「お騒がせして申し訳ありません」といった謝罪は含まれていなかった。

スープストックトーキョーの企業理念「世の中の体温をあげる」をベースに、なんらかの理由で自由な食事がままならない人たちの助けになるため、食のバリアフリーへの取り組みを推進していると説明した。
これまでもコロナ禍で医療従事者への食事の無償提供をしたし、これからも年齢や性別、子どもの有無といった理由で差別

することなく、1人ひとりの顧客を大切にしていくと表明した。

　このように、個人も企業も、自分たちの信念や理念に基づいて、「謝る・謝らない」の判断軸を持つべきだろう。
　的外れな非難や中傷に対しても、すべて謝罪していたら、いざというとき立ち行かなくなってしまう。

謝罪するなら「早期に」「明快に」

　もちろん、炎上しても「謝らなくていい」と言っているわけではない。倫理・法律的に問題があることをしてしまったら、迅速に謝罪する必要がある。
　なぜなら、トラブルが起きたときの対応によって、その後の評価が変わってくるからだ。

　その違いは何か。それは事態が起きたあとの「早期の対応」と、自分のしたことの何が悪かったのかを「明快に」することだ。
　特に「明快に」という部分が重要で、何が悪かったのか、今後どうするべきか、という認識が視聴者とズレることは最も避けたい。
　というのも、ズレた部分に対して謝罪したり、対応策を講じたりした場合、「結局、この問題の何が悪かったのか理解して

いない」と判定されてしまうのだ。

つまり、視聴者から見たとき「謝罪していない」のと同義になってしまうので、注意が必要だ。

2004年の話だが、一般企業では通販大手「ジャパネットたかた」が、顧客情報を流出させたことがあった。

すぐに謝罪をしたのはもとより、問題をはぐらかさずに原因を突き止め、再び顧客に迷惑をかけないという姿勢で、49日間販売を自粛した。損失は150億円にも上った。

しかし、この事件を機に社内風土の改革に着手し、先代のカリスマ社長の髙田明氏を継いだ息子で2代目の髙田旭人社長が業績を伸ばし、過去最高を更新しているという。

自分たちに明確な非があり、炎上したのなら、時間を置かずに謝罪することが信頼回復につながる。日がたつにつれて、対応が遅いこと自体に非難が集まったり、あらぬ臆測が広まったりして、火に油を注ぎかねない。

一方、謝罪の仕方によっては、炎上を助長することもある。**ただ謝ればいいわけではなく、具体的に、明確に、問題への対処法も合わせて発表するのが望ましい。**

また、謝っているのか、言い訳しているのかわからないような謝罪も見受けられるが、自分の正当性を主張するあまり、言い訳に終始するようでは反感を買い、逆効果になってしまう。

もし問題となったコンテンツを削除するのであれば、事前に説明する必要がある。何も説明せず、一方的に削除してしまうと「ごまかし」と受け取られて再度炎上してしまうこともある。

炎上すると、世間の厳しい目にさらされる。ただ、多くの目が自分（自社）に向けられる瞬間でもある。

自分たちのスタンスや理念に基づき、迅速に対応することで、その後の名誉挽回にもつながる。

著作権侵害へのポジティブな対応

著作権の侵害は、炎上につながることが多い。
「そもそもYouTube動画って著作権があるの？」と質問をされることも多い。もちろんYouTube動画も、映画やテレビ番組などと同様に著作権がある。

動画については、原則的には制作した本人・会社に著作権がある。

一方で、僕たちは自分たちが制作した動画を、ほかの人が切り抜いて無断で使ったり、ほかのSNSにアップしたりすることに対して、基本的にウェルカムの姿勢でいる。

著作権者の許可を得ず、無断で切り抜き動画などに転用するのは、著作権の侵害にあたる。

しかし、僕たちはそこで権利を主張しても得られるものは、

==さほどないと考えているのだ。==

　もちろん、なんの関係もないのに、自分たちのもののように扱ったり、誤解を招くような使い方をしたりするのは見すごせない。

　切り抜き動画でお金儲けをするのも、道義的にどうかと思う。

それでも、動画の面白い部分をピックアップしてまとめた切り抜き動画は、視聴者が短時間で楽しめるし、著作権者にとっても自分の動画が拡散されて宣伝になるというメリットも少なくない。

　また、チャンネルのファンが切り抜き動画をつくることも多く、オリジナル動画へのリンクを貼ってくれて相乗効果をもたらす面もある。

　もちろん企業の場合、個人とは違って、一概には判断できないとは思う。

　しかし、都心のビルの屋上や球場の壁に広告を出すのであれば、数百万とか数千万円という費用がかかる。それに比べて切り抜き動画などは規模こそ小さいものの、無料で広告効果を得られる。

　そう考えれば、むしろ「ありがとう」という気持ちでいるのが、僕たちの本音なのだ。

POINT

- 炎上しても非がないなら謝らない
- 倫理的・法律的に問題があるなら迅速・明快に謝罪
- 著作権侵害に当たる切り抜き動画には柔軟に対応

COLUMN 8

YouTube以外で注目しているプラットフォームはありますか？

たけち

TikTokです。縦型動画の可能性が中国を中心にどんどん広がっているので、かなり注目しています。

VR系のプラットフォームにも注目しています。

==デバイスがかわると一気に動画視聴のスタイルが変わりますけど、次に大きく生活を変えるのはVRだと思っているので、VRでの動画やコンテンツ体験というのが、先行者利益を得られるポイントになるでしょう。==

すのはら

僕もTikTokですね。「動画を見る」ということだけに、あそこまで特化したUI（ユーザーインターフェイス）・UX（ユーザーエクスペリエンス）に驚きました。

初めて触れたときは、利用しやすいと思っていたYouTubeでさえも、TikTokを使うようになってみると、余計な機能が多いんじゃないかと感じるようになりましたしね。

市場もどんどん大きくなっていっているので、自分も視聴者であり投稿者として楽しんでいます。

PART
9

ウケる企画の「プロモーション」

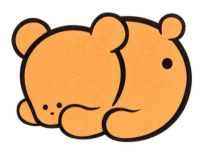

企業が絡むことを逆手にとる

すのはら

次は「**プロモーション**」ですね。
ほかのPARTでも軽く触れてはいますけど、商品の宣伝など、いわゆる「**PR案件**」みたいなことについて掘り下げていきましょう。

たけち

いわゆる「**案件動画**」って、視聴者・演者・依頼主の3者が"**三方よし**"になるのが難しいですよね。
YouTubeをよく見る人ならわかると思いますが、案件動画って、ほかの動画に比べると、違和感が出てしまいますから。

そうですね。視聴者にしてみれば「PR案件なのはわかっているけれど、**お金のために**やったのかな」「直接的すぎるとあまりその商品にいい印象を抱かない」みたいな感じになりがちですよね。

一方で、PRを依頼する企業にしてみれば、「せっかくお金をかけて依頼して、自社商品が多くの人の目に触れるんだから、商品のいいところを細かくアピールしたい」となります。しかし、その動画を依頼される演者やクリエイター側にしてみれば、しがらみが生じて**「監修が細かすぎて企画がつまらなくなってしまった」「視聴者に喜んでもらえている感じがしない」**といった板挟みになりやすいですよね。

そんなPR案件で僕たちが気をつけているのは、「**普段できないようなコンテンツをつくる**」ということ。最近だと、PRのためのチャンネルをつくってしまうくらい、**オリジナリティあるコンセプト**をしっかり決めていくパターンを試みていますね。

ほかにも、**短尺動画の普及**についてだとか、**ほかのSNS**をどう使うかといった点についてもお伝えしていきましょう。

視聴者・演者・依頼主が納得するコンテンツ

　PRを依頼する企業など「依頼主」がいる場合、視聴者・演者・依頼主すべてが納得する動画を制作するには、難しいことが多い。
　この難題をクリアするために、僕たちが考えているのは、次の制作プロセスだ。

> ### ❶ 誰に何を訴求したいのか
> PRしたい商品に応じて獲得したい視聴者層を設定する。これは商品特性を熟知している企業側が自ら選定するのが好ましい。
>
> ### ❷ その商品で、どんなオリジナリティある企画・チャンネルがつくれるか
> 僕たちがその商品や視聴者層に対して考えられる企画や、チャンネルコンセプトを提案。ここで制作のベースになる"建てつけ"を確定する。その商品を通じて、普段できないようなコンテンツを届けることが重要になる。
>
> ### ❸ 企画を誰にやってもらうか
> ②がおおよそ固まったら、僕たちが得意とするYouTube内のリサーチや、これまでの知見を用いて、企画やチャンネ

ルを「誰にやってもらうか」を提案。「誰にするか」という点は、僕たちの得意とする領域なので、プロとして全面的に任せてもらう。

企業案件でうまくいかない3つのポイント

① 「誰に何を訴求したいのか」が定まっていない

② 「その商品で、どんなオリジナリティある企画・チャンネルがつくれるか」を企業側が細かく決めすぎる

③ 「企画を誰にやってもらうか」を先に決めてしまっている

　PR動画をつくっても、うまくいかないケースの多くでは、①「誰に何を訴求したいのか」が定まっていない、②「その商品で、どんなオリジナリティある企画・チャンネルがつくれるか」を、依頼する企業側が細かく決めすぎてしまっている、そして③「企画を誰にやってもらうか」だけを先に決めてしまっているパターンが多い。

YouTubeのチャンネルは「雑誌」だと考えるとわかりやすいと64ページで述べたが、その雑誌には合わなそうなことを取り上げて無理やりページづくりをしても、読者の共感はなかなか得られない。

　だからこそ、PR動画をつくるとなれば、「この演者さんでつくってほしい」ではなく、極端ではあるが「この企画をやれるのであれば、相性のいい演者さんなら誰でもいい」という考え方のほうが適切だ。
　そうすれば、企画の質を下げることなく、視聴者・演者・依頼主すべてが納得するコンテンツをつくりやすい。

「稼げる広告」をつくるという考え方

　広告というものは、依頼主が広告費としてお金を支払う。しかも、その金額は大きい。
　お金を払うことによって、多くの人に商品やサービスが認知され、売り上げアップにつながるようにするのが、基本的な広告の考え方だ。

　一方で、企業が多額の広告費を使ってYouTubeチャンネルをつくり、動画を発信したらどうなるだろうか？
　ほかの個人が運営するチャンネルが真似できない規模の企画

ができるようになるのだ。

つまり、企業がスポンサーになることによって、チャンネルのオリジナリティを高めやすいともいえる。

僕たちが企業から依頼を受け、YouTube公式チャンネルを開設する際は、「稼げる広告をつくりましょう」と明確にコミットすることが多い。

僕たちが言う「稼げる広告」とは、広告のために制作した動画・チャンネルを伸ばして収益を稼ぐということだ。

通常の広告であれば、どんなに多くの人にリーチできても、その広告自体では収益につながらない。

しかしYouTubeであれば、広告動画にもかかわらず、収益を得ることができるのだ。

「そんなに都合よくいかないのではないか」「ポジショントークではないのか」と勘ぐった人もいるだろう。

たしかに、最初の半年くらいは伸びず、当初の予算を消化してしまうこともある。しかし、僕たちはYouTubeのプラットフォームの特性や、これまで数十のチャンネルで運用・分析をしてきたノウハウを活かし、軌道に乗せる。

依頼主の企業から「チャンネルのスポンサーをするだけで、自分たちのブランディングにつながるの？」と質問されること

243万 回視聴・2 年前

KONAMIの公式YouTubeチャンネルにて設立された
インフルエンサーサッカーチーム「WINNER'S」

も多い。

　これについては、動画によって視聴者に定期的にリーチすることで、そのスポンサーへのファン化は促進される。
　たとえば、僕たちがKONAMIさんと運営している「eFootballチャンネル」（@official_eFootball：チャンネル登録者数49.4万人）は、その最たる例だ。

「WINNER'S」という、サッカー経験者のインフルエンサーを集めてチームをつくり、目標に向かって成長していくドキュメンタリー企画である。

チームの練習場所の提供やイベントの開催など、ことあるごとに「この環境でできるのは、KONAMIさんのおかげです。いつもありがとうございます！」といったことを、テロップや演者の口から発信する。

これはスポンサーに対しての忖度（そんたく）や、媚（こ）びを売るということではない。

あくまでも「事実」を伝える。この事実であるということが非常に強力なのだ。そうした大規模な環境などは一個人では用意できないものなので、スポンサーがついているから実現できるということを視聴者にも実感してもらう。

決して、誇張するわけではない。

こうした要素を盛り込むことで、コメントには「いつもチームを運営してくれてありがとう！」「この企画をやってくれた会社に拍手を送りたい」など、企業のファン化が進み、動画への先行投資に還元されるのだ。

チャンネルのファンが増えることで、企業のファンが増え、再生回数も増える。その再生回数自体が直接的な収益となり、次の企画に再投資するという好循環が生まれる。

オリジナリティのあるYouTubeチャンネルを企業がつくるというのは、投資に近い。

PART 9
ウケる企画の「プロモーション」

YouTuberにPR動画を単発で依頼するのであれば、それは1回きりで終わってしまう広告に近いが、チャンネルを運用するというところまで踏み切れば、継続的なブランディングに大きく貢献するはずだ。

🐻 チャンネルスポンサーを募るという新境地の開拓

　92ページで触れたように、僕たちは「ホームレスが大富豪になるまで。」というチャンネルで、60代のホームレスが大富豪になるまでのストーリーを発信している。

　このチャンネルを企画した2017年頃は、だんだんと社会的にYouTuberが認知されてきたところで、「お金が稼げる」と子どもたちの憧れの職業にランクインするようになっていた（22ページ参照）。

　ただ、たくさんのチャンネルが開設されるようになってきたものの、社会貢献するようなコンテンツは、ほとんどなかった。

　そこで、「社会的に意義のあるコンテンツ」をつくろうと考えた。

　そのフックとして、YouTubeという媒体を使って、人生を大きく変える人を描くコンセプトを考案したのだった。

ホームレスの生活は、これまであまりメディアで触れられていないので、その現実をしっかりと映し出す本人のチャンネルを開設して、自分でお金を稼いで、人生を変える。

　ただ、現状では、このチャンネルの演者であるナムさんの生活しか変化していないため、正直なところ当初標榜したような、社会的に意義のあるコンテンツとはまだ言い難い。
　そこでいま僕たちは、このチャンネルから派生した次のアクションを目指している。それは、社会復帰したい路上生活者たちのコミュニティのような場所をつくることだ。

　そして、そのチャンネルコンセプト、チャンネルが生み出すストーリーに対して、年単位など、ある程度長期間で出資してくれるスポンサーを募ろうと考えている。
　公器ともいえる企業が参入してくれるからこそ実現できる企画をつくっていく。これが新しいプロモーションの形なのではないかと模索しているところだ。

POINT

単発の広告より継続性のあるPRコンテンツ

スポンサーの出資による社会貢献とPRの両立

COLUMN9

もしYouTubeがなくなったら何をしますか？

たけち

たとえYouTubeがなくなったとしても、個人が動画を発信するプラットフォームはなくならないはず。代替する別のプラットフォームが現れるでしょう。

現在はYouTubeというプラットフォームの投稿者や視聴者が多いというだけ。プラットフォームが変わっても、企画や演出、チャンネル制作という企画者としての活動は続けていくと思います。

すのはら

よく聞かれる話なのですがYouTubeが好きなのではなく、「アイデアを形にする」という行為が好きなんです。

ほかのプラットフォームに移るのはもちろん、何か自分でやりたいことを会社単位で実現したり、世の中に対して表現したりすることは続けていくと思いますね。

PART
10

一歩先の未来予想図

「常識」は進化していく

すのはら
いまのYouTubeって、あらゆる動画コンテンツのいい部分が集約し始めていると思うんですよね。**ショート動画**が人気になってきたり、**テレビ関係者**がYouTubeへ移行してきたり。これまでのYouTubeの常識が変わるというか、**進化してる**という印象です。

たけち
たしかに、少し前まではほとんどなかった30分～1時間尺の**番組型コンテンツ**も増えましたし、切り抜き動画、ショート単体のチャンネルなど、**バリエーション**が増え続けてますよね。

す
しかも、ECサイト構築サービス「**Shopify**」との提携で、YouTube上でショッピングが完結する「**YouTubeショッピング**」の機能追加も発表されましたからね。すごいことですよ。

あと、ユーザーの行動が変わっていくことにも注目してます。最近、TikTokで「**フォローする**」**という文化が衰退**してきたんですよね。TikTokは、いまバズっている動画やユーザーの「いいね」など、閲覧に応じたアルゴリズムで動画がレコメンドされるので、わざわざ「フォローする」というアクションをとる必要がないんじゃないかと。

 かなりいい発見ですね。日本では2021年から始まった再生時間の短い縦型動画「**YouTubeショート**」も、チャンネル登録とは関係なく動画をレコメンドしてくれるので、その文化がさらにYouTubeに流れてくるかもしれませんね。

 アカウント自体に数字がつきづらくなってくると、ますます動画単位で**面白いかどうか**が重要になりそうです。

🐷 コンテンツの見方が横から縦にシフト

「TikTok」「YouTubeショート」「Instagramリール」など、縦型のショート動画が登場して、近年トレンドになっている。

こうした縦型短尺動画は、スマートフォンの向きをわざわざ横にしなくても視聴できるので、動画を最後まで見た人がどれだけいるかという「完全視聴率」が高い傾向にある。

TikTok発祥の地である中国では、「快手（Kuaishou）」「愛奇芸（iQIYI）」「騰訊視頻（Tencent Video）」など、さまざまな大手プラットフォームが縦型ショートドラマに注力しており、10分や15分のドラマが「Z世代」を中心に大人気コンテンツとなっている。

日本でも電子漫画アプリ「LINEマンガ」「ピッコマ」など、縦型スクロール漫画が身近になったり、チャット形式などの創作小説を投稿できるアプリ「テラーノベル（Teller Novel）」が中高生から絶大な支持を得たりと、動画以外の縦型のコンテンツもじわじわと台頭し始めている。

2022年3月にはTikTokでも長尺動画が投稿できるようになったため、表現の幅がさらに広がっている。

現状では、長尺動画を使いこなしているTikTokユーザーは

少ないが、プラットフォームへの滞在時間が長くなる長尺動画のクリエイターを優遇していく流れは、YouTube同様に起こり得るだろう。

そう考えると、現在のYouTubeなどでは横型動画がデフォルトだが、それが縦型動画にシフトしていっても、なんら不思議ではない。

🐻 短いコンテンツでも完結させる

近年、通常の動画投稿と並行して、「YouTubeショート」を活用するクリエイターが増えている。

最長60秒の縦長動画のみを投稿・視聴できる機能で、独自のアルゴリズムによって動画がピックアップされ、ユーザーにとってはチャンネル登録していないクリエイターとの新たな出会いのきっかけにもなる。

YouTubeショートは、「短尺動画」という点ではTikTokやInstagramリールと似ているが、大きな違いがある。

それは、最終的にチャンネルそのもの（＝長尺動画）に興味を持ってもらい、チャンネル登録につなげる狙いがあるということだ。

言い換えるなら、「YouTubeショート」は、YouTubeという

プラットフォームのなかで、自分のチャンネルを伸ばすための"プロモーションツール"のような側面があるのだ。

この短尺動画と長尺動画をうまくつないだYouTubeチャンネルが「Kevin's English Room ／ 掛山ケビ志郎」（@KevinsEnglishRoom：チャンネル登録者数237万人）だ。

メンバーの語学にまつわるバックグラウンドを活かして、「海外と日本の言語に関する感じ方の違い」などをコミカルに発信している。

彼らの短尺動画「【Shorts】Kevin's English Room」（@KERshorts：チャンネル登録者数38.2万人）のつくりとしては、「英語や日本語の細かいニュアンスの違い」など、語学にまつわる知識をネイティブ目線でユニークに描き、「詳しい解説は本編で！」という流れにしている。

ここでポイントになってくるのは、==もったいぶらないこと==。
情報を隠し、本編ですべて見せるのではなく、**ショートはショートとして完結する。**

そのうえで、「さらにほかのものを見たいという人は本編を見てください」というつくりになっている。

つまり短尺動画は、本編の「予告」ではなく「ダイジェスト」のようなニュアンスで捉えるとわかりやすいだろう。

🐻 非言語の短いコンテンツは
グローバルに広がる

　短尺縦型動画の「YouTubeショート」は、レコメンド機能によって次々と流れてくるため、言語や国柄など問わないコンテンツであれば、日本以外の視聴者にも届きやすい。

「バヤシTV」（@BayashiTV_：チャンネル登録者数 2940万人）は、低糖質メニューを中心に動画をあげている。
　もともとTikTok（フォロワー数5550万人超）で活躍していたが、同様のコンテンツをYouTubeショートにも展開し、一気に人気を博した。
　一度見てもらうとわかるが、撮影・映像技術のクオリティが高く、料理という非言語でも伝わる内容から海外登録者数も伸ばしている。

「バヤシTV」を上まわるチャンネル登録者数の「Sagawa/さがわ」（@sagawa：チャンネル登録者数3360万人）も同じく海外にファンが多く、TikTok（フォロワー数300万人）とYouTubeショートの両軸を活用して登録者数を伸ばしている。
　体を張った短尺のおバカネタで、非言語でも伝わるキャッチーさが、海外の子どもたちを中心に人気となっている。

両者に共通しているのは、音や表情など「非言語」をフックにしているという点だ。

　現時点では、なんとなく偶発的に一部のクリエイターが海外でもウケている状態だが、今後は戦略的に海外向け縦型短尺動画を発信しようとする企業も出てくるだろう。

🐻「SNS」をどのように使うか

　個人も企業も、YouTubeだけでなくInstagramやX、FacebookなどのSNSで情報発信することは、もはや常識となっている。

　そして、多くの人はYouTubeも見ればInstagramも見るし、XやFacebookも見るなど、ネットの世界を回遊している。

　だから、おなじみのYouTuberが、Instagramでも見られるしXでもつぶやいている。そうなると総じて接触回数が増えるため、印象に残るし、親しみを感じてファンになってくれる確率が高まる。

　僕たちがSNSを活用するうえで大切にしているのは、演者と視聴者の「心理的な距離」だ。

　YouTube動画は、テレビに比べると、カメラに向かって話しかけることが圧倒的に多い。

　これにより視聴者は「自分に向かって話しかけている」よう

な印象を抱きやすい。

一概にはいえないけれど、YouTubeでは「チャンネル＝演者」になる場合が多い。SNS上でチャンネルとして発信するというよりも、演者が個人として発信するほうが相性はいいのだ。

そのため、公開した動画をXなどで告知するときも、一個人として宣伝する。

チャンネルのアカウントではなく、その演者個人のアカウントから発信するほうが効果的だ。

SNSにはそれぞれ特徴があり、企業がマーケティングツールとして使用する場合、使い分ける必要がある。

動画コンテンツであるYouTubeであれば、情報をわかりやすく提供したり、インフルエンサーとコラボした動画で、商品の認知を高めたりすることができる。

Xは、基本的には140文字までの短文が主流だが、140文字よりも長いテキストをポストしたい場合、「長いポスト」機能により、最長2万5000文字のテキストをポストできる。
「リポスト」という機能で投稿がシェアされやすく、興味や関心が似通った個人のつながりがあるので、企業側がターゲットを明確に定めて拡散を狙いやすい。
社名や商品名で検索すると、どんなふうに話題になっている

かを知ることもできる。

そして、自社商品を話題にしてくれている人に対し、お礼を返信したりしてコミュニケーションを図ることもできる。

Instagramは、画像や動画を主とした視覚的なコンテンツが主流だ。

画像をフィードに投稿する以外にも、ライブ配信やショッピングなどの機能が充実しており、商品やサービスの認知から購入までつながりやすい。

ただし、「ハッシュタグ（#）」や新たなコンテンツを発見するための「発見タブ」を伝って流入してくることが多いため、企業アカウントは見つけにくい。

だからこそ、Xなどと連動してアピールする必要がある。

Facebookは、ほかのSNSと比べてユーザーの年齢層が高く、ビジネスパーソンや中高年の利用も多い。

ただ利用者は、実名のほか、年齢、性別、居住地などを登録しているため、企業にとっては、細かくターゲティングして広告を打つことができるのが強みだ。

LINEは、月間のアクティブユーザー数が9500万人を超える、国内最大級のコミュニケーションツールだ。

公式アカウントを作成することで、友だち登録してくれたユ

ーザーのスマートフォンに、プッシュ通知でメッセージを送ることができる。

また、ポイントカードをつくれるため、来店を促すことができ、クーポンなどの配布も可能だ。

1990年代半ばから2010年代前半生まれの「Z世代」の中心にあるTikTokは、音楽に合わせたショート動画を投稿するプラットフォームだ。

ほかのSNSのように、フォロワーを起点として広がるのではなく、独自のレコメンドシステムで、おすすめとして一定数のユーザーに表示されるのが特徴。

そのため、コンテンツ次第で、スタートしたばかりのアカウントでもバズる可能性がある。

このようにそれぞれのプラットフォームの特性を理解しながら、ユーザーとの「心理的な距離」に気をつけて運用していくのがポイントだ。

POINT

- コンテンツは縦型視聴へのシフトが進む
- 短尺コンテンツではもったいぶらない
- 言語の壁を打ち破る非言語のコンテンツ
- 心理的な距離を縮めていく

本書を最後まで読んでくれた方へ

たけち

　何かを「創る」って、とっても楽しいけど孤独なことです。唯一絶対の正解なんてないけれど、自分たちの企画がどれくらいウケたか、その結果として数字は大事です。

でも、数字だけを追い続けてたら、すぐに疲れちゃう。それは孤独な戦いであり、暗中模索であり、苦難の連続なんです。

　だからこそ、諦めずに続けるための「原動力」を認識するといいかもしれません。
「モチベーションの原点は？」「社会のため？　誰かのため？　自分のため？」など、なんでもいいです。

　企画系の仕事をしている人以外でも、誰にだって何かをつくりたいという思いはあるはずだし、それにはなんらかの理由があるはず。
　その火花が種火に変わったら、準備完了。その種火にまきをくべて火を大きくしていく。
　大きな火に育ったら、まきを切らさないように自己管理。雨が降っても、たき火は燃え続けるので大丈夫。

この本が、そんな種火を持った、どこかの誰かの役に立てたならとてもうれしいです。
　僕らは、誰かの孤独な戦いのお供になれたら幸せなんです。楽しんでやれば、まきをくべ続けるのなんて楽勝です。
　結局、孤独なのは変わらないけれど、誰かと目的を共有することで、少しでも孤独な戦いが軽くなったらハッピー。
　種火の準備ができた方、ぜひ連絡してください。一緒に楽しんでいきましょう。

すのはら

　僕たちの初めての本を最後まで読んでいただいて、本当にありがとうございます。
　この本では、おもにYouTubeの世界に触れていますが、根本的な考え方や固定ファンがいないところからファンを獲得する方法など、ほかの業界で企画をする方々にも参考になると思います。
　僕はたけちさんと一緒に株式会社こす.くまの代表をしていますが、**この会社、実は「YouTubeだけの会社」ではありません。**

　エンタメという形で社会貢献できないかという目的で、日々ネットの世界やリアルの世界で悪目立ちを繰り返しています。

600万円かけて熊本の村を貸し切り、10万羽の折り鶴を集め、竹の骨組みで大きな鶴のオブジェをつくって、完成後すぐに全部燃やしたり、花火大会のスポンサーになって、スポンサー企業名を読み上げるアナウンサーさんにヘンなことを言わせたり。
　いま進めていることや秘密もあるので、僕たちの会社の悪ふざけについても気に留めてもらえるとうれしいです。

　編集担当の斎藤順さん、僕たちのわがままをたくさん聞いてくれて、ありがとうございました。本書の執筆に協力してくれた丸山くん、すのはらとたけちの出会いのきっかけをつくってくれて、ありがとうございます。また、イラストを描いてくれた丸山くんの弟・ふみやくんも、ありがとうございます。
　みなさんに、この場を借りて深く御礼を申し上げます。

2024年10月

こす.くま
（すのはら、たけち まるぽこ）

[著者]
こす.くま

HIKAKIN、東海オンエア、はじめしゃちょーなど、トップYouTuberたちを陰で支えるYouTube作家。現在、約30チャンネルを担当し、KONAMI、バンダイスピリッツ、サンリオといった有名企業のチャンネルの企画・運営も行っている。ともに1995年生まれで、大学生の頃にテレビの構成作家をしていた「たけちまるぽこ」と、高校生の頃からYouTuberとして活動していた「すのはら」が意気投合し、2016年にYouTube作家として活動をスタート。2019年に「株式会社こす.くま」を立ち上げる。本書が初の著書となる。

YouTube作家がこっそり教える
「ウケる企画」のつくり方

2024年11月5日 第1刷発行

著 者	こす.くま
発行所	ダイヤモンド社
	〒150-8409
	東京都渋谷区神宮前6-12-17
	https://www.diamond.co.jp/
	電話 03・5778・7233（編集）
	03・5778・7240（販売）
装丁	小口翔平＋青山風音（tobufune）
本文デザイン	大場君人
イラスト	goofy maruyama
編集協力	塩尻朋子、丸山くん
校正	三森由紀子
製作進行	ダイヤモンド・グラフィック社
印刷・製本	三松堂
編集担当	斎藤順

©2024 こす.くま　ISBN 978-4-478-12089-7
落丁・乱丁本はお手数ですが小社営業局宛にお送りください。送料小社負担にてお取替えいたします。
但し、古書店で購入されたものについてはお取替えできません。無断転載・複製を禁ず
Printed in Japan

◆ダイヤモンド社の本◆

世界一の先輩による "言葉のサプリメント"が、疲れた心を元気にしてくれる！

101歳にして現役の化粧品販売員として活躍している堀野智子（トモコ）さん。累計売上高は約1億3000万円で、「最高齢のビューティーアドバイザー」としてギネス世界記録に認定されたトモコさんが、年をとるほど働くのが楽しくなる50の知恵を初公開！　佐藤優氏（作家・元外務省主任分析官）が「堀野氏の技法は、ヒュミント（人間による情報収集活動）にも応用できる」と絶賛（日刊ゲンダイ・週末オススメ本ミシュラン）した"世界一の先輩"による教えは、アナタの疲れた心を元気にしてくれる！

101歳、現役の化粧品販売員
トモコさんの一生楽しく働く教え
堀野 智子 ［著］

●四六判並製●定価（本体1400円＋税）

https://www.diamond.co.jp/